高等职业教育航空类专业新形态教材

航空机械制图习题集

主　编　李　涛　刘学文
副主编　王　清　蒋艳林
　　　　陈　洁　李　哲

北京理工大学出版社
BEIJING INSTITUTE OF TECHNOLOGY PRESS

内 容 简 介

本书配合《航空机械制图》教材使用，内容体系完全一致，采用最新《机械制图》和《技术制图》国家标准进行编写。全书共分为九个项目，包括制图基本知识、尺规绘图及徒手绘制草图、正投影基础、基本几何体、组合体、机件表达方法、标准件与常用件、机械工程图样、其他工程图样。本书配备大量习题和实例，帮助学生掌握扎实的绘图和读图能力。

本书可作为高职高专院校机类或非机类各专业的教材，也可作为本科院校或中等职业学校机类、非机类专业的教材。

版权专有　侵权必究

图书在版编目（CIP）数据

航空机械制图习题集 / 李涛，刘学文主编 . -- 北京：
北京理工大学出版社，2025.7.
ISBN 978-7-5763-5702-8
Ⅰ. V22-44
中国国家版本馆 CIP 数据核字第 20253L1V81 号

责任编辑：高雪梅	**文案编辑**：高雪梅
责任校对：周瑞红	**责任印制**：王美丽

出版发行 / 北京理工大学出版社有限责任公司
社　　址 / 北京市丰台区四合庄路 6 号
邮　　编 / 100070
电　　话 / （010）68914026（教材售后服务热线）
　　　　　（010）63726648（课件资源服务热线）
网　　址 / http://www.bitpress.com.cn

版 印 次 / 2025 年 7 月第 1 版第 1 次印刷
印　　刷 / 河北世纪兴旺印刷有限公司
开　　本 / 787 mm × 1092 mm　1/16
印　　张 / 18
字　　数 / 200 千字
定　　价 / 48.00 元

图书出现印装质量问题，请拨打售后服务热线，负责调换

前　言

本书配合《航空机械制图》教材使用，内容体系一致，采用最新《机械制图》和《技术制图》国家标准编写而成。本书注重学生实践能力和技能的培养，可作为高职高专院校机类或非机类各专业的教材，也可作为本科院校或中等职业学校机类、非机类专业的教材。

全书包括九个项目，每个项目针对不同的制图知识点和技能进行专项训练。项目一涵盖制图工具使用、几何图形绘制、尺寸标注等基础技能训练，帮助学生掌握制图的基本规范和技巧。项目二通过大量的尺规绘图和徒手绘图练习，提高学生的绘图精度和速度，培养空间想象能力。项目三通过深入练习正投影法和三视图的绘制，帮助学生理解投影规律，掌握复杂物体的表达方法。项目四、项目五通过丰富的基本几何体和组合体绘图习题，强化学生对立体几何形状的表达和理解。项目六讲述系统训练视图、剖视图、断面图等机件表达方法，提升学生对复杂机件的绘图和读图能力。项目七通过专项练习标准件和常用件的绘制，如螺纹、齿轮、弹簧等，结合实际应用，培养学生的工程实践能力。项目八通过典型零件图和装配图的绘制与识读，培养学生综合运用制图知识解决实际问题的能力。项目九通过焊接、电气、展开等特殊工程图样的绘制和识读练习，拓展学生的知识面，帮助学生适应多样化工程需求。

本书具有系统性、实用性和创新性，可为培养高素质的工程技术人才提供有力支持。具体特色和创新点如下。

（1）任务驱动。每个项目以具体任务为导向，通过实际操作和练习，引导学生逐步掌握制图技能，提高学生学习的主动性和实践能力。

（2）理论与实践结合。本书注重理论知识与实践操作的结合，通过大量实例和习题，提升学生的实践操作能力。

（3）配备数字化资源。书中包含三维模型等数字化资源，以二维码形式呈现，学生可以直接扫描二维码观看，丰富学习体验。

（4）习题数量合理，难度适中。考虑到各院校专业的不同需求，习题数量与难度有一定变化，各院校可根据教学实际情况灵活选用。

本书编写过程中参考了相关书籍，在此一并致以诚挚的感谢。

由于编者水平有限，书中难免存在不妥之处，敬请广大读者批评指正。

编　者

目 录 Contents

项目一　制图基本知识 1

项目二　尺规绘图及徒手绘制草图 5

项目三　正投影基础 13

项目四　基本几何体 28

项目五　组合体 37

项目六　机件表达方法 70

项目七　标准件与常用件 91

项目八　机械工程图样 101

项目九　其他工程图样 134

参考文献 137

项目一 01 制图基本知识

实训1　工程字体练习

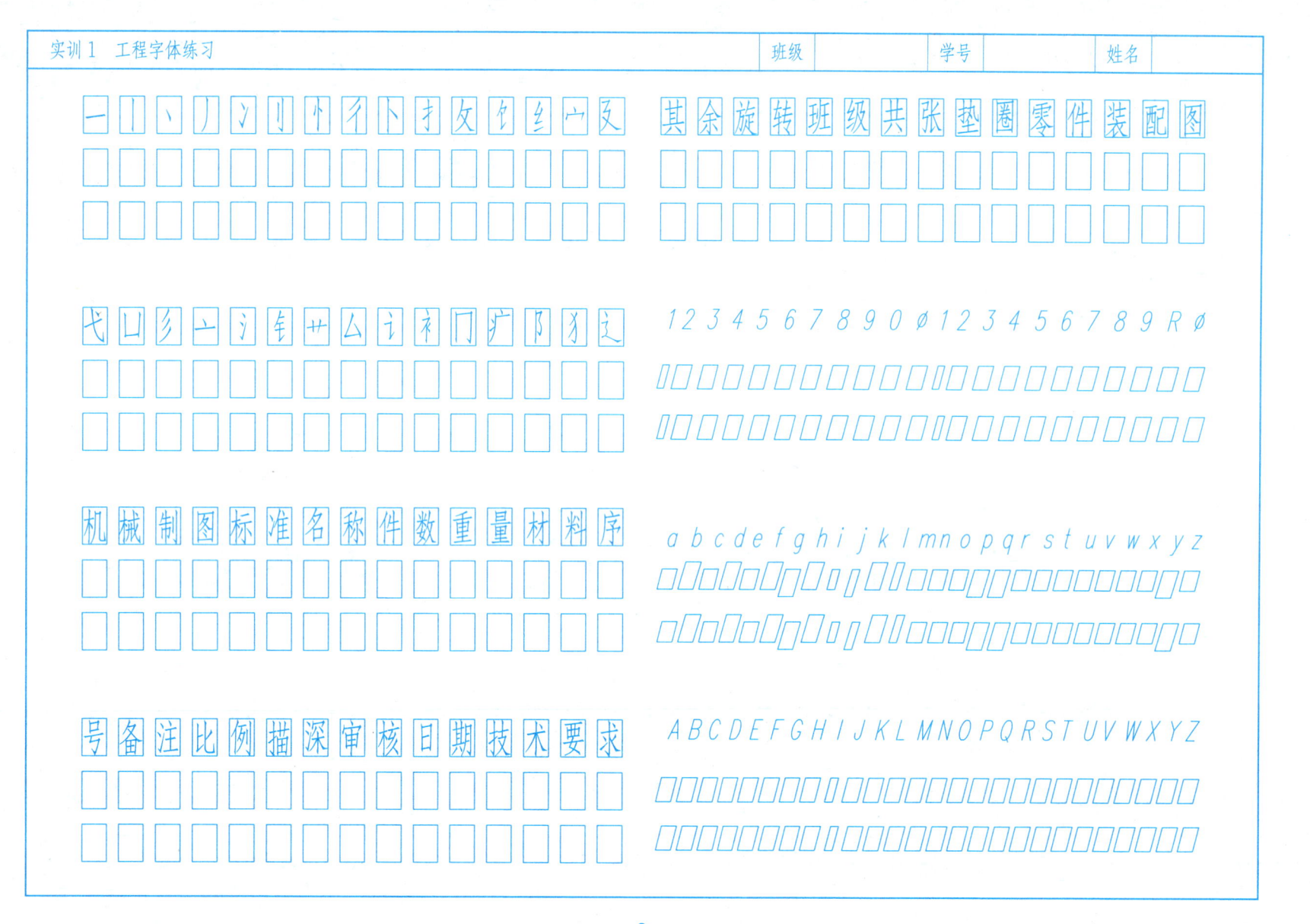

| 班级 | 学号 | 姓名 |

一 丨 丶 丿 乚 刂 忄 亻 卜 扌 攵 饣 纟 宀 又　　其余旋转班级共张垫圈零件装配图

戈 口 彡 亠 氵 钅 艹 厶 讠 礻 冂 疒 阝 犭 辶　　*1 2 3 4 5 6 7 8 9 0 Ø 1 2 3 4 5 6 7 8 9 R Ø*

机械制图标准名称件数重量材料序　　*a b c d e f g h i j k l m n o p q r s t u v w x y z*

号备注比例描深审核日期技术要求　　*A B C D E F G H I J K L M N O P Q R S T U V W X Y Z*

2

| 实训2 图线练习与尺寸标注 | | 班级 | | 学号 | | 姓名 | |

1. 在指定位置分别抄画下列各种线型的图线。

2. 将左右对称图形的右半部分补画完整。

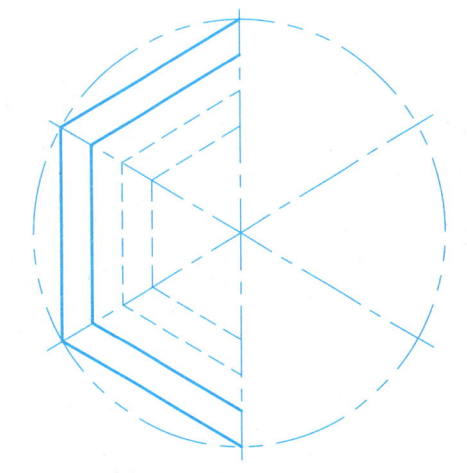

3. 补画左右对称图形的右半部分。

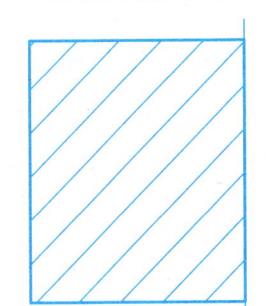

4. 把左图中的尺寸标注在右图中。

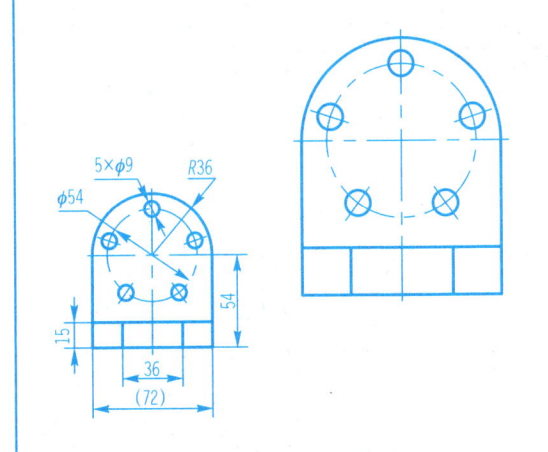

5. 标注尺寸(数值从图中按1:1量取,取整数)。

(1)　　　　　　　　　　　　(2)

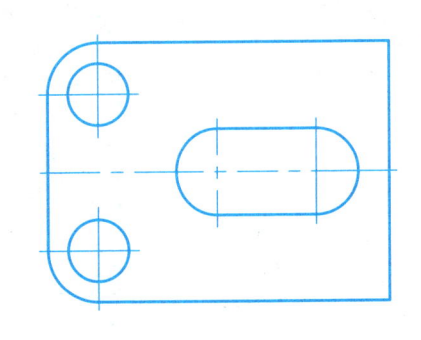

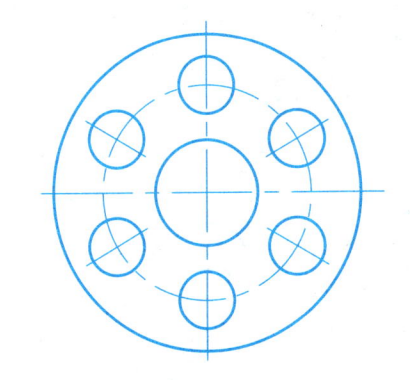

| 实训2　图线练习与尺寸标注 | 班级　　　学号　　　姓名 |

6. 从图中量取尺寸，并在尺寸线上填写尺寸数值（尺寸数值从图中量得，取整数）。

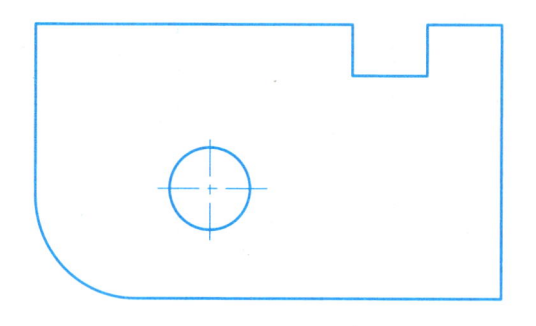

(1)

(2)

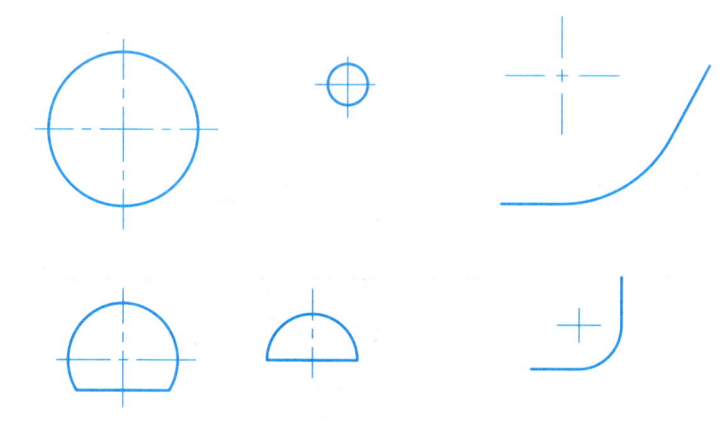

7. 将上面图中尺寸注写的错误改正后注写在下面图中的空白处。

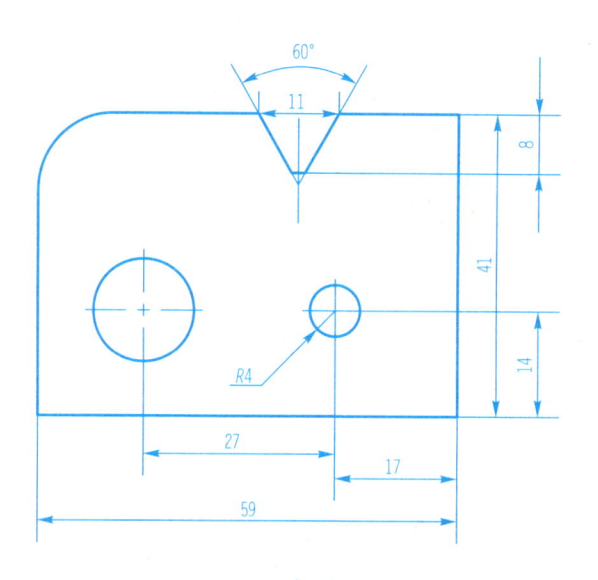

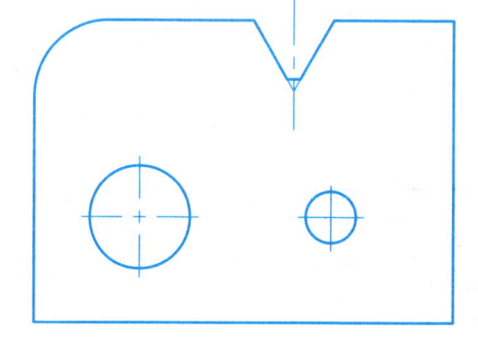

项目二
02 尺规绘图及徒手绘制草图

实训 1　绘制平面图形　　　　班级　　　　学号　　　　姓名

1. 在指定位置画出右上角所示的图形。

2. 在指定位置画出右上角所示的图形。

3. 在指定位置画出右上角所示的图形。（选作题）

4. 以 AB 为长轴、CD 为短轴，用四心圆法画椭圆。

5. 在指定位置按 2∶1 的比例画出右上角所示的图形。

6. 在指定位置按 2∶1 的比例画出右上角所示的图形。

7. 在指定位置画出右上角所示的图形，尺寸单位为 mm。

6

实训2 抄绘图形并标注尺寸　　　　　　　　班级　　　　　学号　　　　　姓名

1. 按图中所注尺寸，用1∶1的比例完成下列图形的圆弧连接。

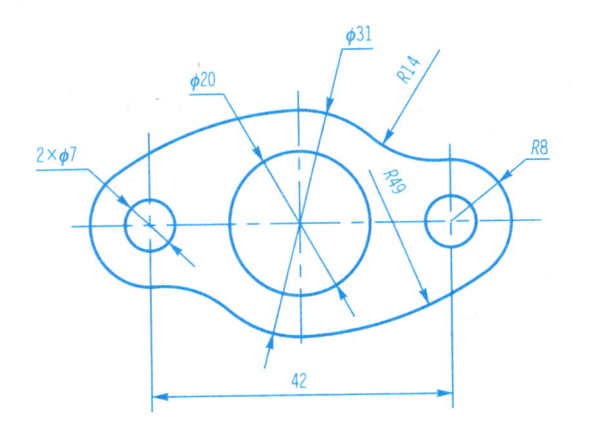

2. 根据图中给定尺寸，按1∶2的比例抄画图形并标注尺寸。

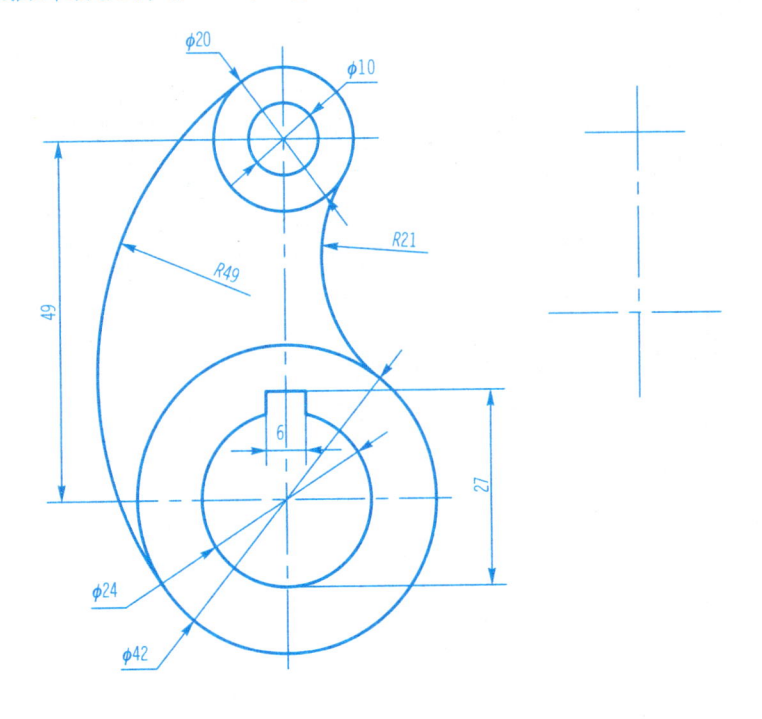

实训3 绘制线型练习

一、实训目的

1. 熟悉主要线型的规格及其画法。
2. 掌握图框及标题栏的画法。
3. 练习使用绘图工具。

二、内容与要求

1. 绘制图幅框、图框和标题栏。
2. 按图例要求绘制各种图线。
3. 将A4图纸竖放，图名：图线练习，比例为1:1，不标注尺寸。

三、绘图步骤

1. 画底稿（用铅笔）

(1) 用细实线绘制图幅线框，用粗实线绘制图框。

(2) 在图框的右下角绘制标题栏。

(3) 从有效绘图区的中心开始作图。

(4) 校对底稿，擦去多余的图线。

2. 铅笔加深（用HB或B铅笔）

(1) 注意线型加深："先圆弧后直线"，从左至右、从上至下依次加深直线，再画左、右两组45°斜线。

(2) 用工程字填写标题栏，其中图名、校名用10号字填写，比例、材料等用5号字填写。

参考评分标准：

1. 图例内容正确50分；
2. 各种线型画法正确，粗、细分明且均匀20分；
3. 图幅线框正确5分；
4. 图框正确5分；
5. 标题栏格式及字号正确10分；
6. 工程字（汉字、数字）书写规范10分。

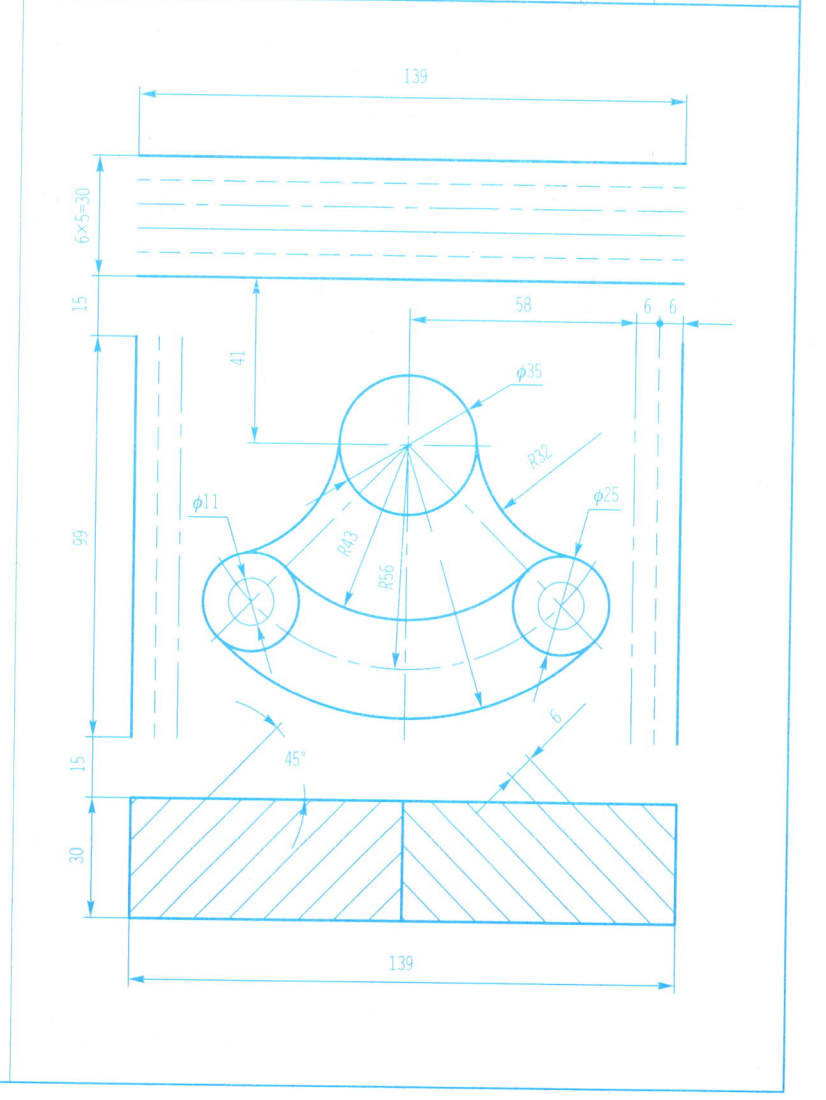

实训 4　抄绘平面图形　　　　　班级　　　　学号　　　　姓名

1. 绘制平面图形（用 A4 图纸绘制）。

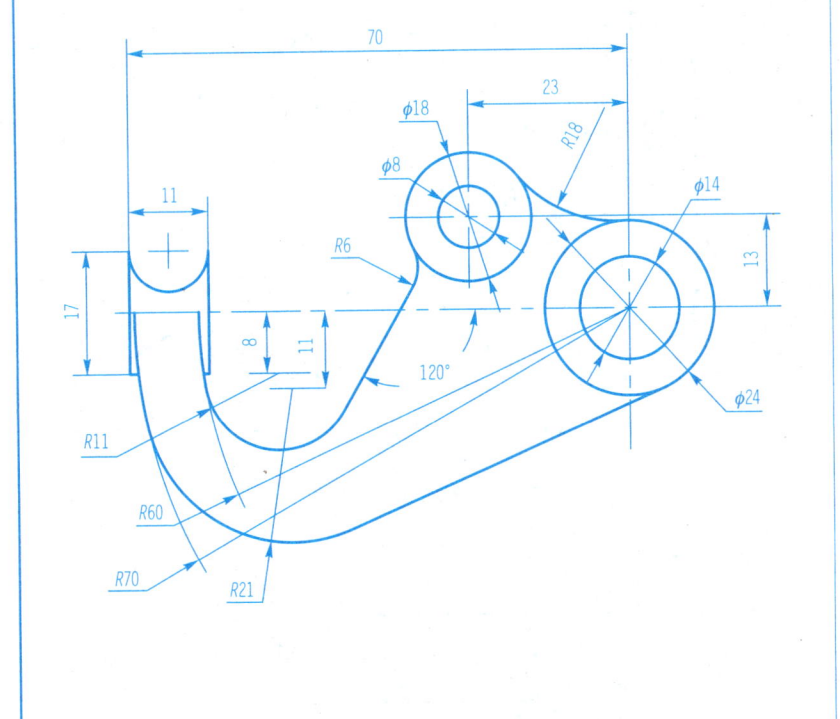

2. 绘制平面图形（用 2:1 比例在 A4 图纸中绘制）。

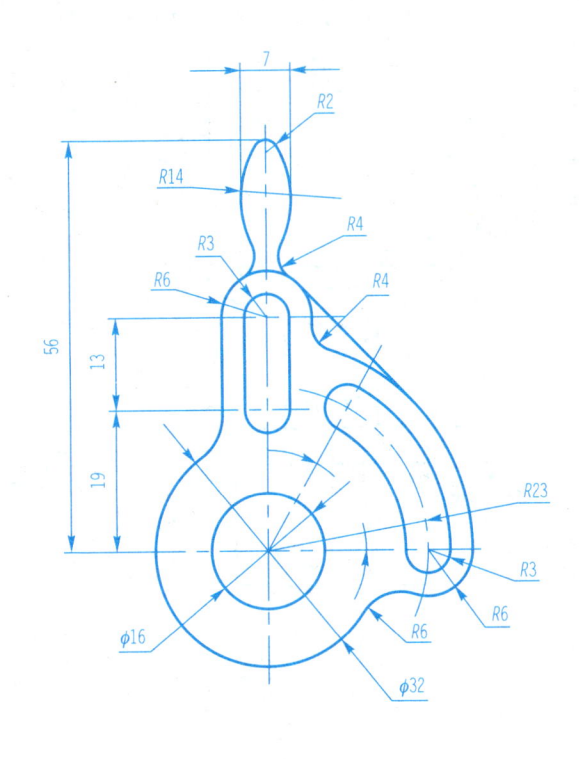

实训 4 抄绘平面图形   班级   学号   姓名

3. 绘制平面图形（用 2∶1 比例在 A4 图纸中绘制）。

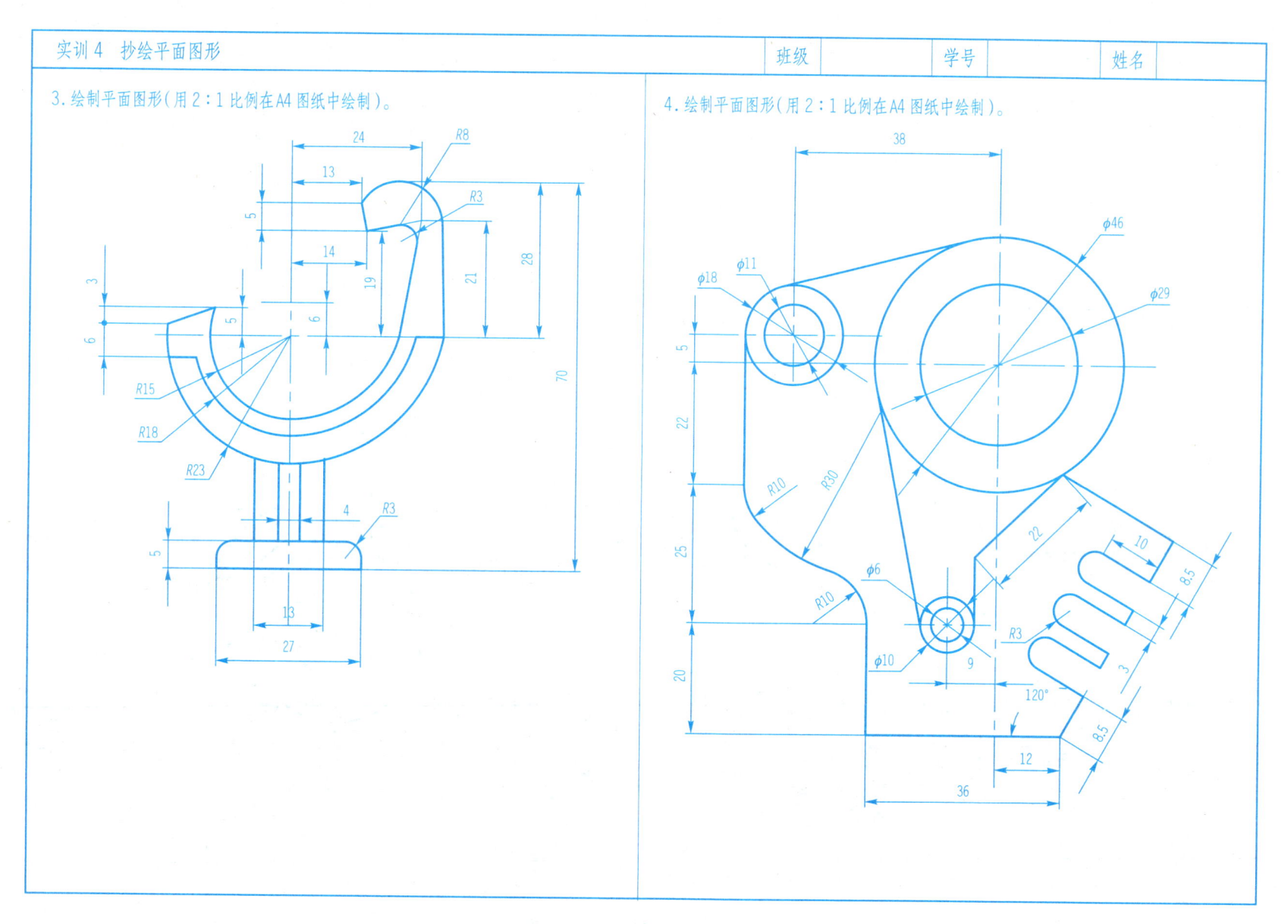

4. 绘制平面图形（用 2∶1 比例在 A4 图纸中绘制）。

| 实训 4　抄绘平面图形 | 班级 | 学号 | 姓名 |

5.绘制平面图形(用 2∶1 比例在 A4 图纸中绘制)。

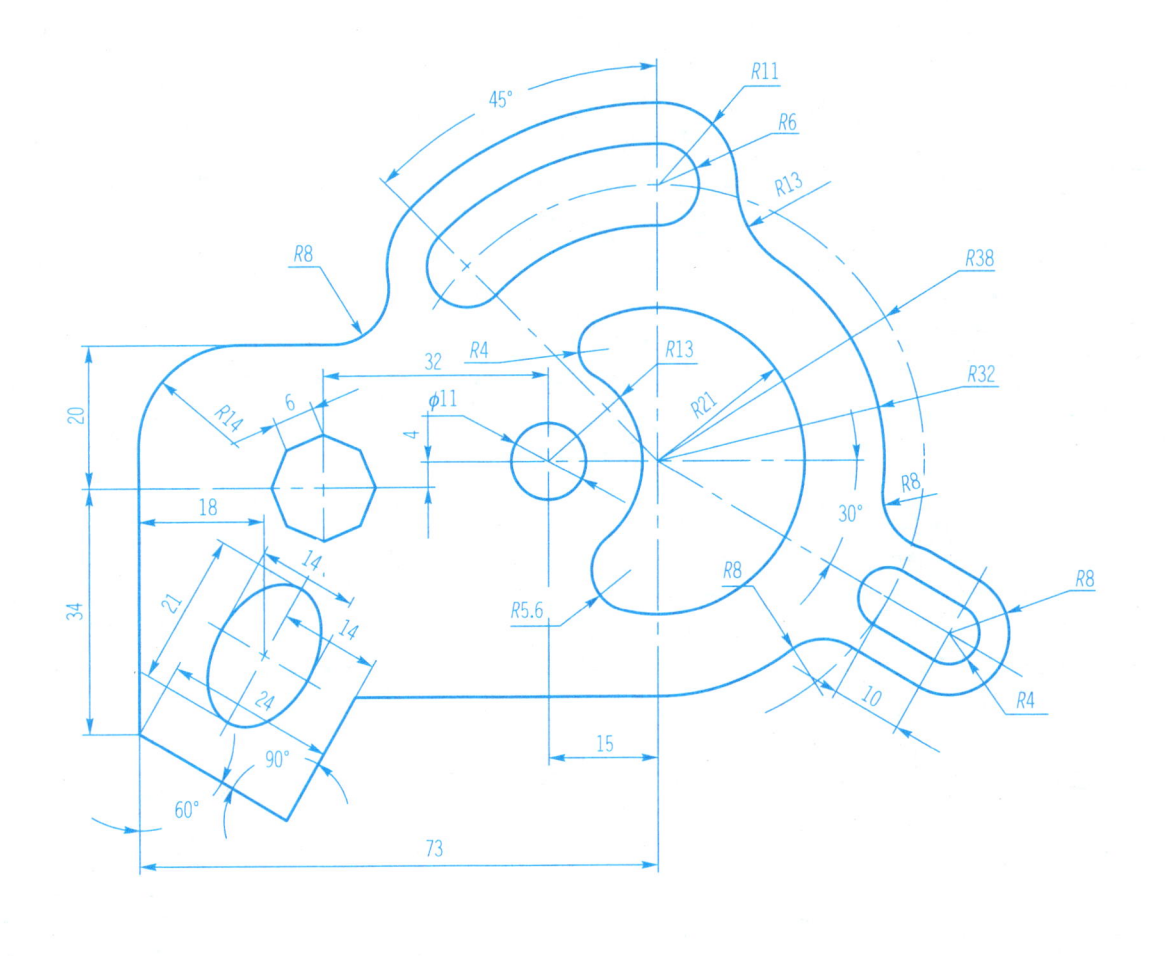

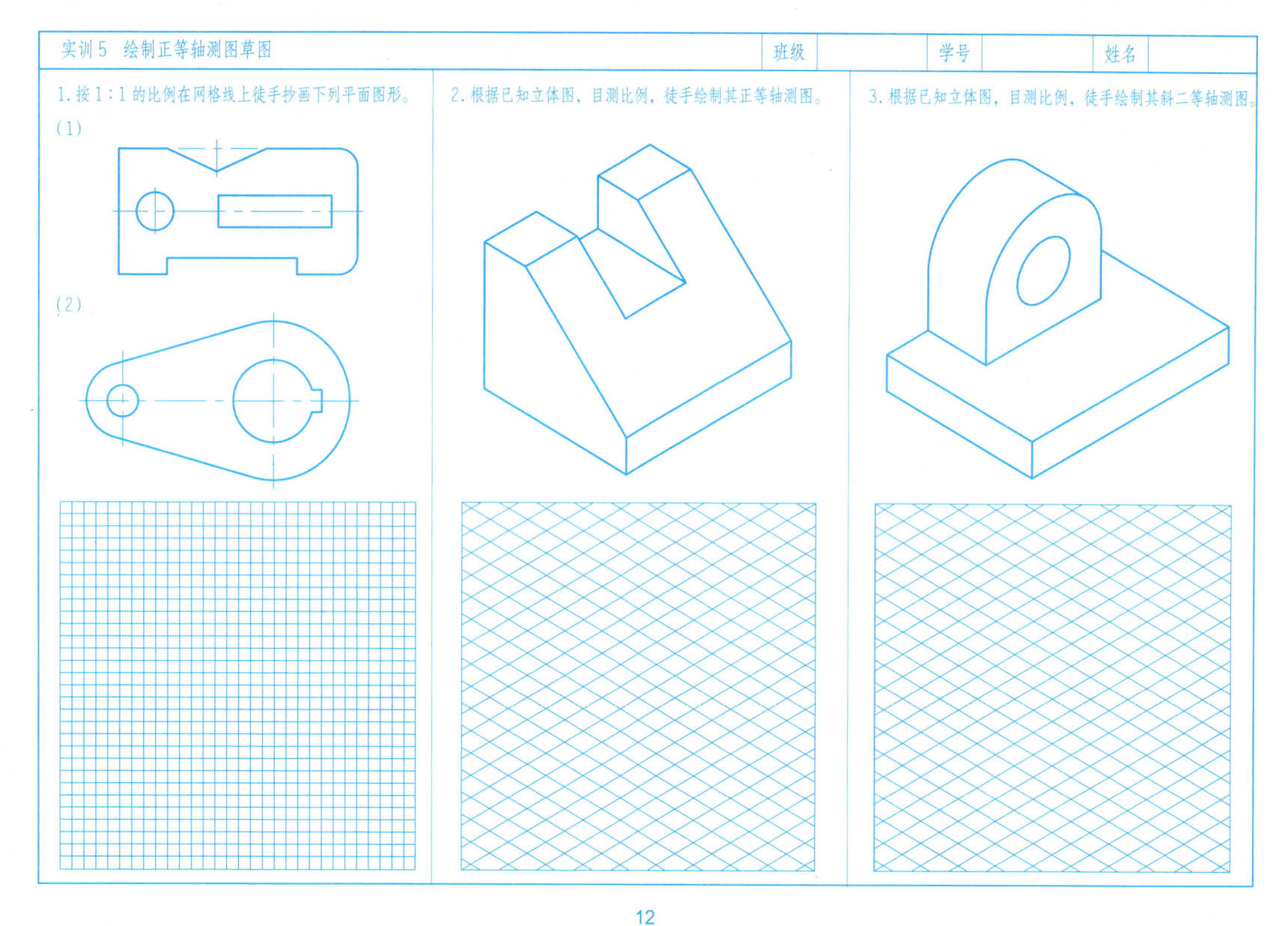

实训5　绘制正等轴测图草图　　　班级　　　学号　　　姓名

1. 按1:1的比例在网格线上徒手抄画下列平面图形。

(1)

(2)

2. 根据已知立体图，目测比例，徒手绘制其正等轴测图。

3. 根据已知立体图，目测比例，徒手绘制其斜二等轴测图。

项目三
03

正投影基础

| 实训1 | 绘制弯板的三视图 | 班级 | 学号 | 姓名 |

1. 绘制下列各图的三视图。

(1)	(2)	(3)	(4)	(5)
(6)	(7)	(8)	(9)	(10)
(11)	(12)	(13)	(14)	(15)
(16)	(17)	(18)	(19)	(20)

| 实训1　绘制弯板的三视图 | 班级 | | 学号 | | 姓名 | |

实训 1　绘制弯板的三视图　　　班级　　　学号　　　姓名

实训1 绘制弯板的三视图　　班级　　学号　　姓名

2. 根据立体图找出相应的三视图，并在括号内填写对应的字母。

(a)　(b)　(c)　(d)

(　)　(　)

(　)　(　)

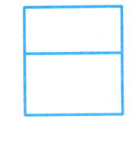

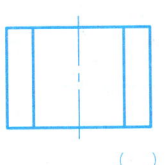

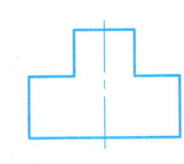

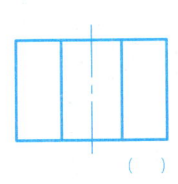

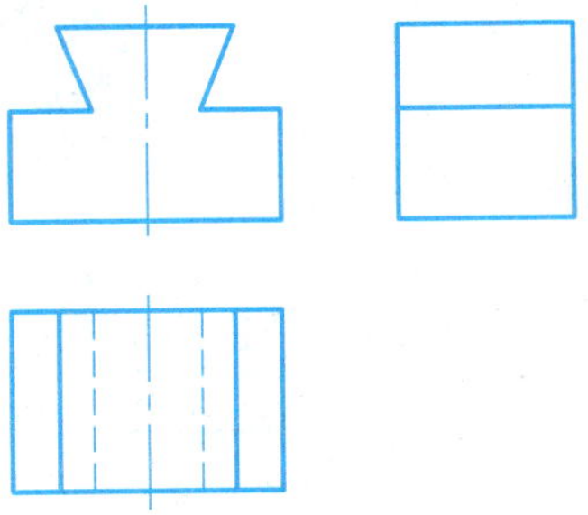

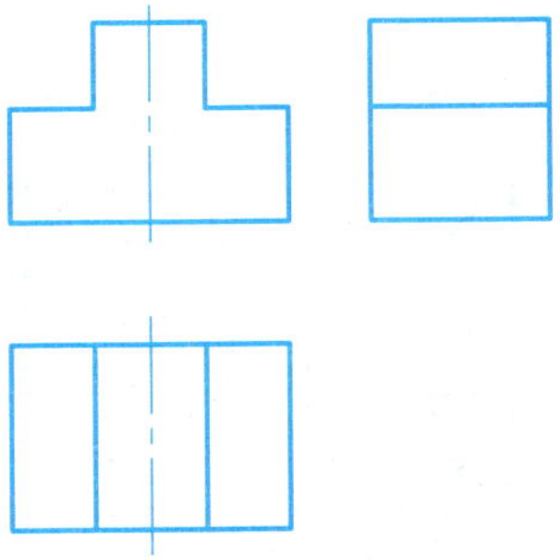

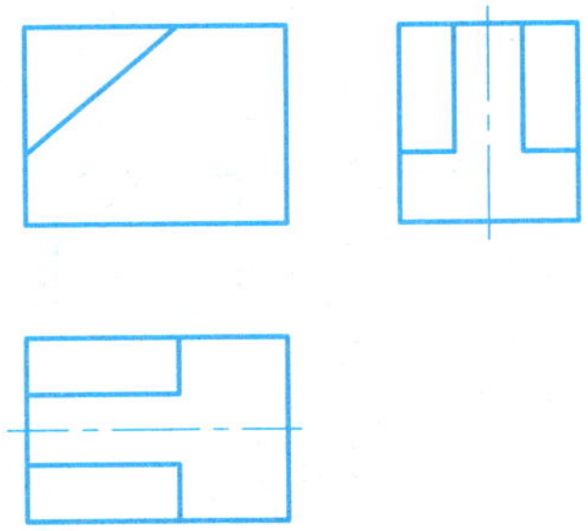

3. 根据三视图找出相应的立体图，并在括号内填写对应的字母。

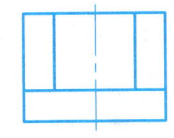

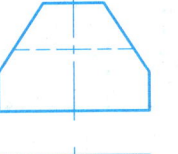

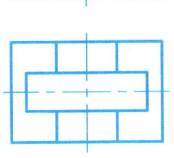

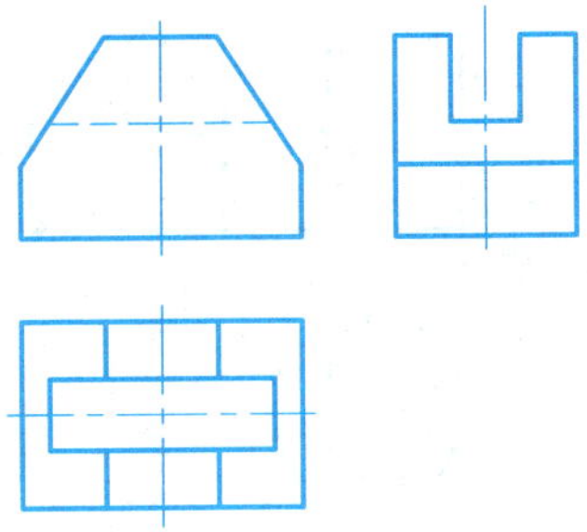

(a)　(b)

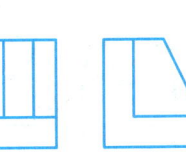

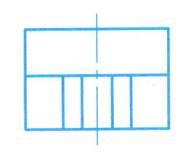

(c)　(d)

(　)　(　)　(　)　(　)

17

| 实训1 绘制弯板的三视图 | 班级　　　学号　　　姓名 |

4.按所给定的主、俯视图，找出相对应的左视图。

(a)　(b)　(c)　(d)

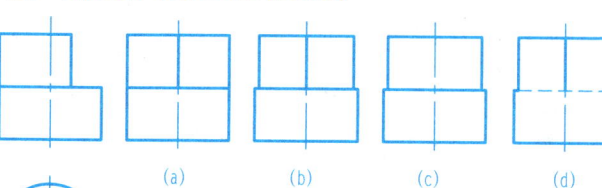

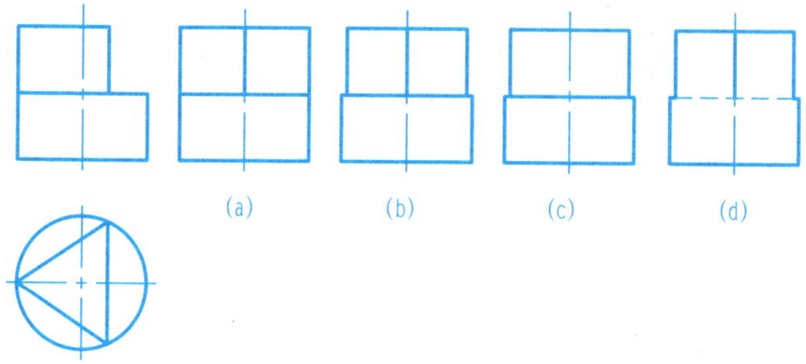

5.按所给定的主、俯视图，找出相对应的左视图。

(a)　(b)　(c)　(d)

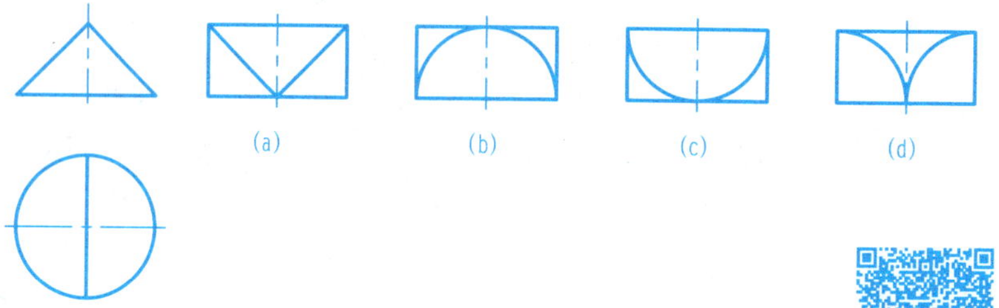

6.按所给定的主、俯视图，找出相对应的左视图。

(a)　(b)　(c)　(d)

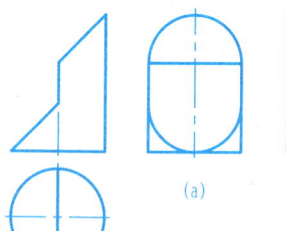

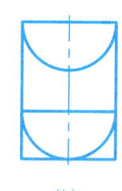

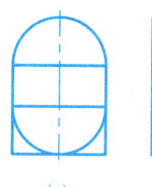

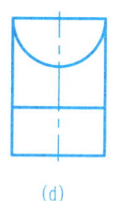

7.按所给定的主、俯视图，找出相对应的左视图。

(a)　(b)　(c)　(d)

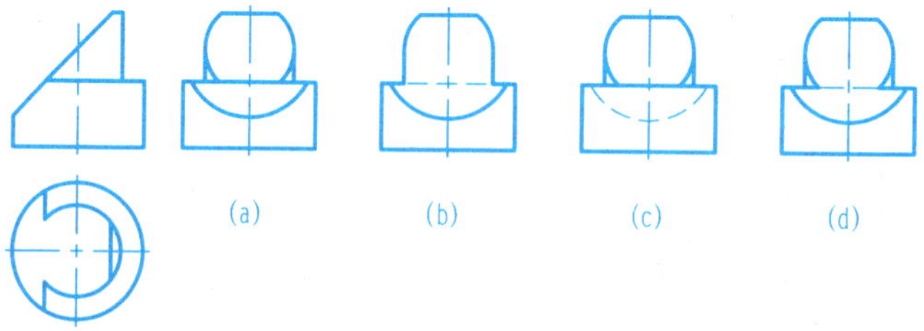

8.按箭头方向看组合体的轴测图，哪个视图是正确的?

(a)　(b)　(c)　(d)

9.按所给定的主、俯视图，找出相对应的左视图。

(a)　(b)　(c)　(d)

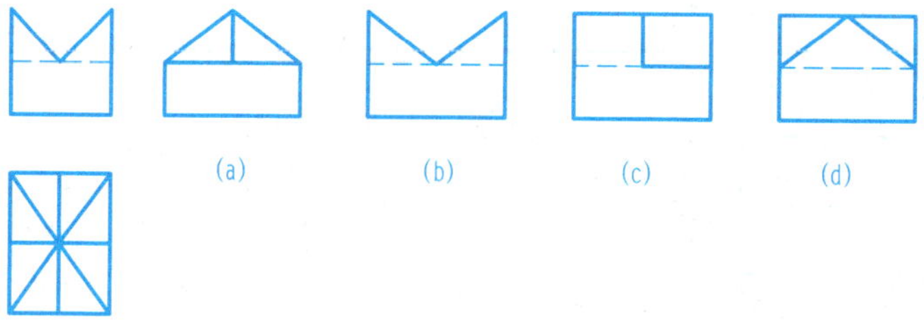

实训1　绘制弯板的三视图　　　　班级　　　学号　　　姓名

10.对照轴测图，补全三视图中所缺的线条。

(1)

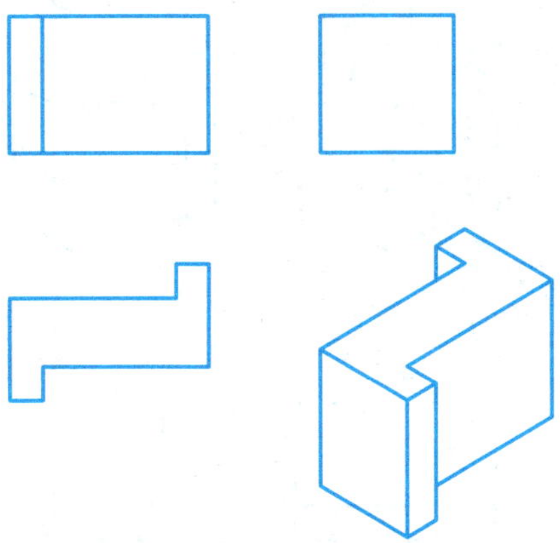

(2)

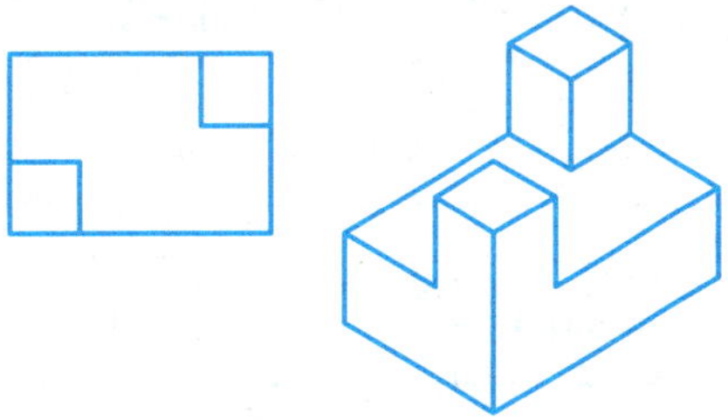

(3)

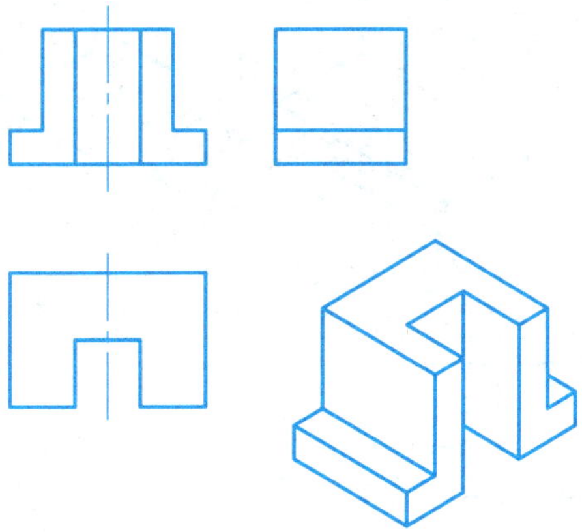

(4)

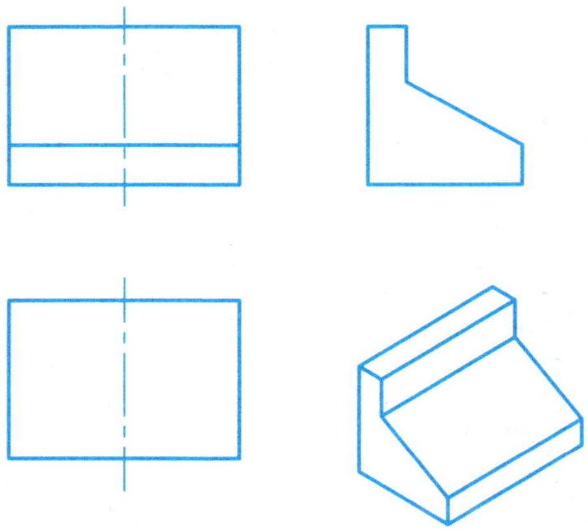

(5)

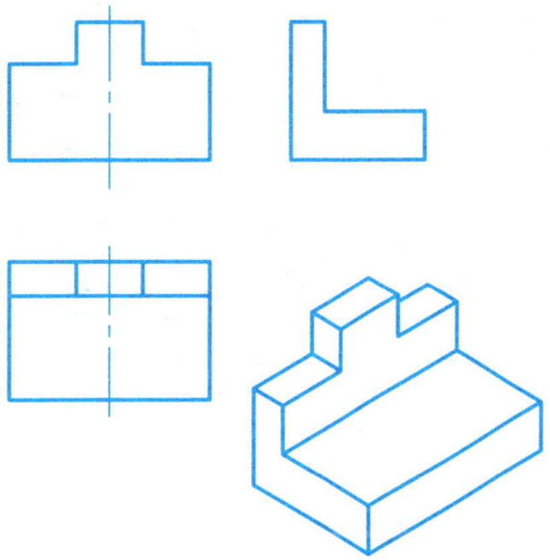

(6)

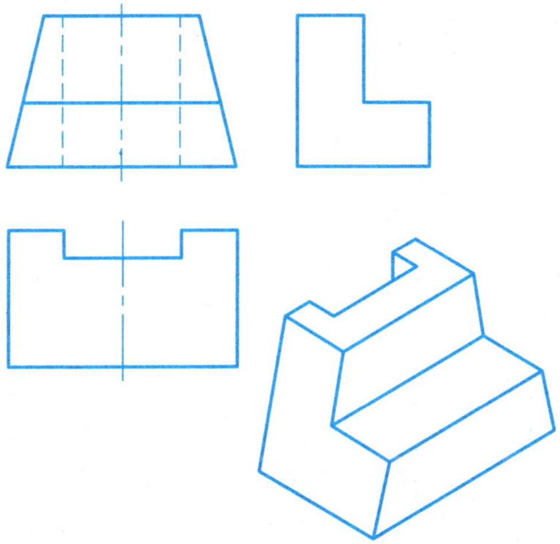

19

实训1 绘制弯板的三视图　　　班级　　　学号　　　姓名

11. 根据轴测图辨认相应的两视图，并补画第三视图，将相应序号填写在括号中。

(1)

(2)

(3)

(4)

(5)

(6)

实训1 绘制弯板的三视图

12.根据给出的两个视图,画出第三个视图(每个模型至少给出三个不同答案)。

(1)

(2)

(3)

(4)

(5)

(6)

实训2　绘制点的三面投影　　　　班级　　　　学号　　　　姓名

1. 已知空间点A、B、C的立体图，求作其三面投影图。

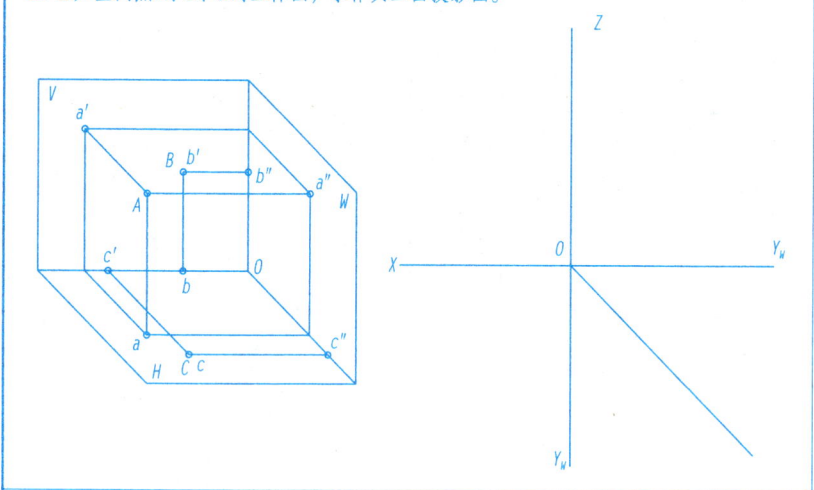

2. 画出点A(10, 0, 15), B(20, 30, 0), C(30, 10, 25), D(0, 0, 35)四点的三面投影图和在立体图中的位置。

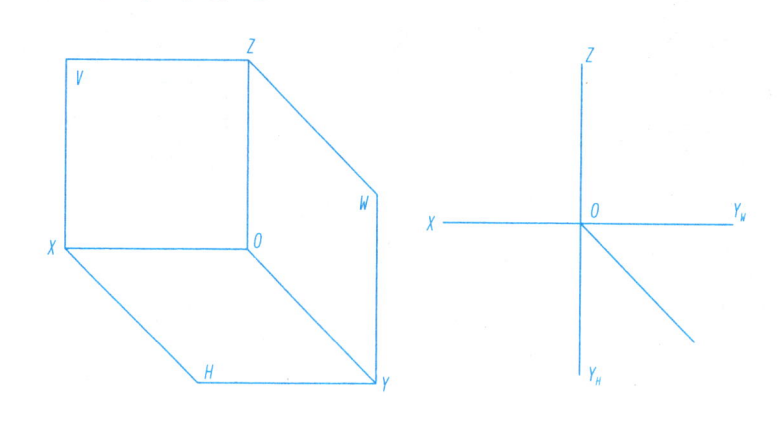

3. 已知点A、B、C的两面投影，求画其第三面投影及各点在立体图中的位置。从投影图中量出各点的坐标值（取整数）填在下列括号中。

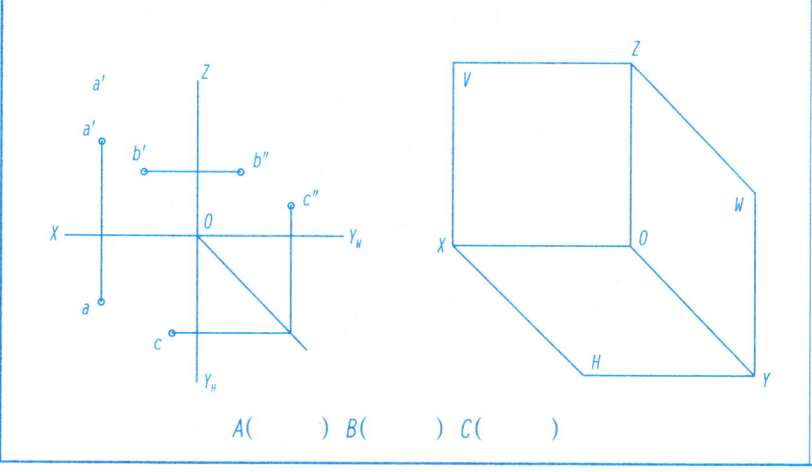

A(　　)　B(　　)　C(　　)

4. 已知A点距H面20 mm，距V面15 mm，距W面25 mm；B点距H面25 mm，距V面10 mm，距W面30 mm，求A、B两点的三面投影。

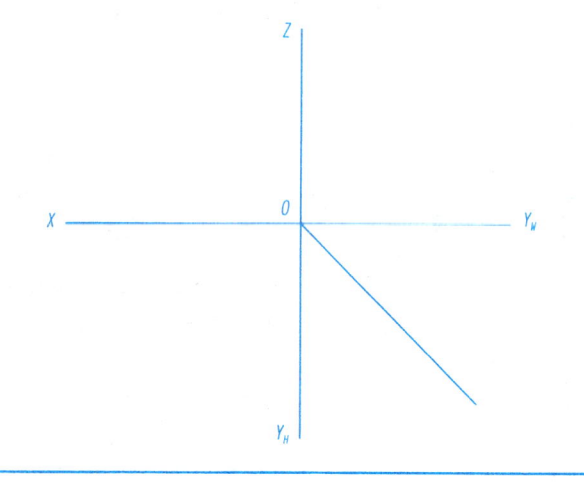

实训2　绘制点的三面投影　　班级　　学号　　姓名

5. 已知A点的三面投影，且B点在A点之右10 mm、之后10 mm、之下15 mm，求B点的三面投影。

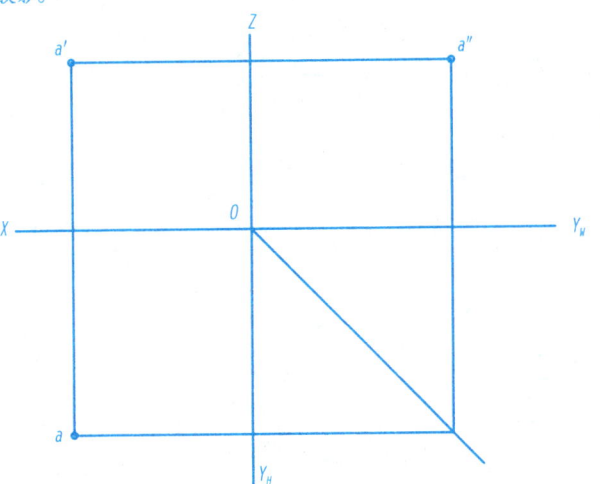

6. 试比较A与B、C与D、E与F的相对位置，并在投影图上对不可见的点按规定进行表示。

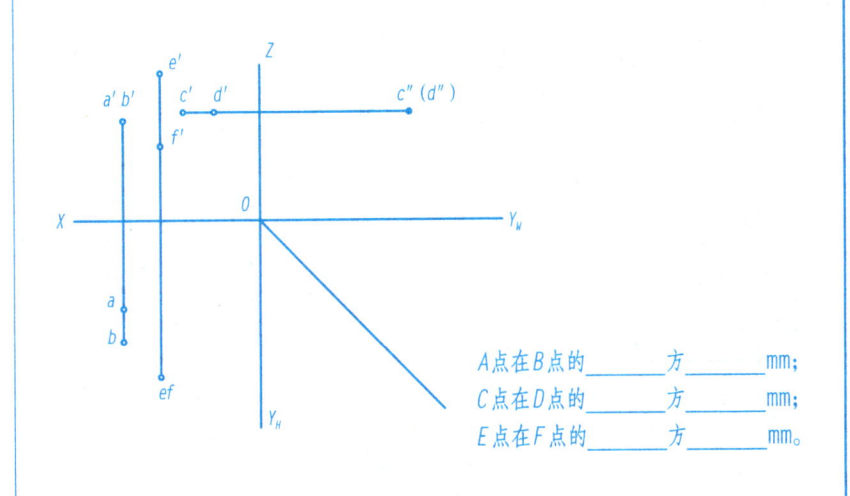

A点在B点的_____方_____mm；
C点在D点的_____方_____mm；
E点在F点的_____方_____mm。

7. 在形体的投影图中标出A、B、C、D四点的三面投影。

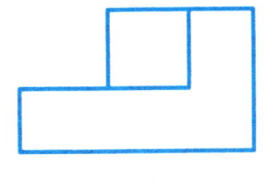

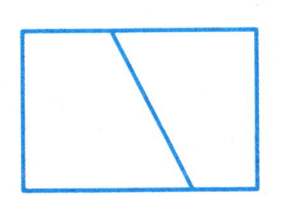

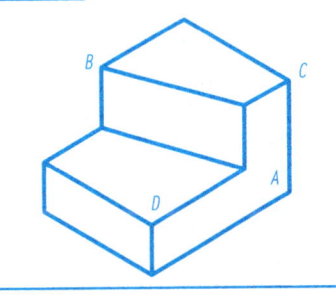

8. 在形体的轴测图中标出A、B、C三点。

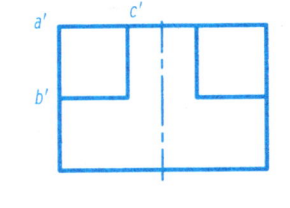

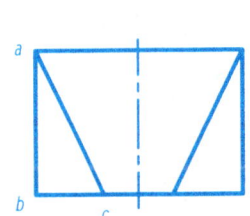

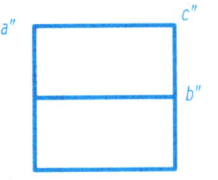

实训 3　绘制直线的三面投影　　班级　　学号　　姓名

1. 在三视图中用字母标出轴测图中指明的各直线的三面投影，并说明是什么位置直线。

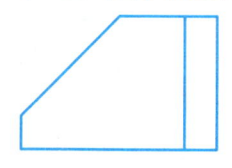

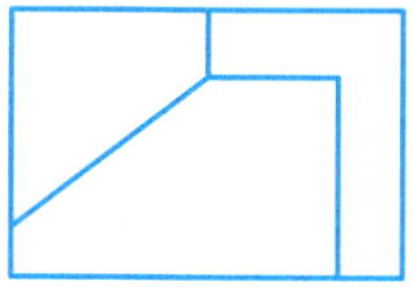

AB 直线是＿＿＿线
BC 直线是＿＿＿线
BD 直线是＿＿＿线

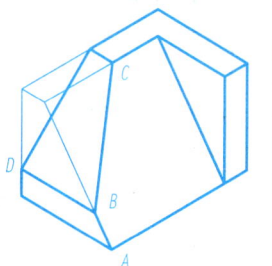

2. 根据三视图中各直线的三面投影，标出其在轴测图中的位置，并说明是什么位置直线。

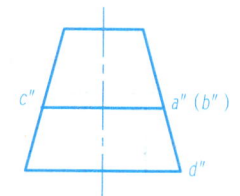

a'　(c')　b'　　　c"　　　a"(b")
d'　　　　　　　　　　　　d"

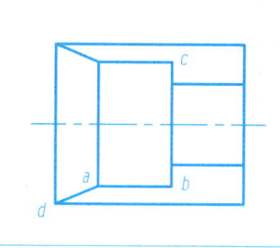

c
a　b
d

AB 直线是＿＿＿线
BC 直线是＿＿＿线
AD 直线是＿＿＿线

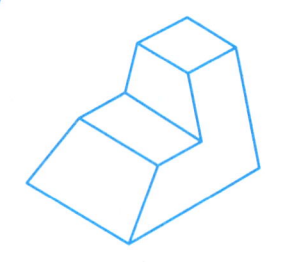

3. 根据轴测图标出三视图中各直线的另外两面投影图，并在轴测图中标出各直线的位置及填空。

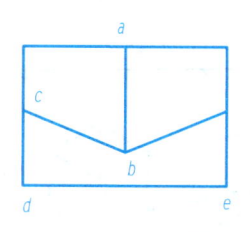

a
c
d　b　e

直线 AB 是＿＿＿线
直线 BC 是＿＿＿线
直线 DE 是＿＿＿线

4. 根据轴测图标出其中的一般位置直线，在三视图中用字母标出各一般位置直线的三面投影并填空。

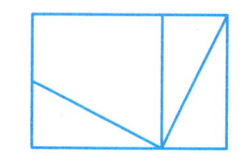

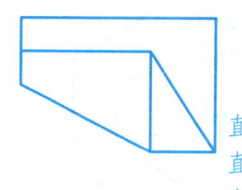

直线＿＿＿是一般位置直线
直线＿＿＿是一般位置直线
直线＿＿＿是一般位置直线

24

实训 3　绘制直线的三面投影

5. 判断下列直线对投影面的相对位置，并画出第三面投影。

(1) _____线

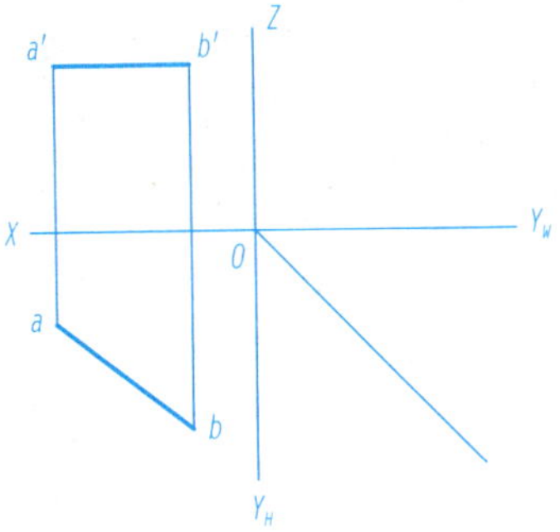

(2) _____线

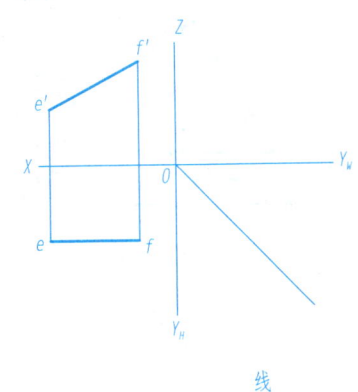

(3) _____线

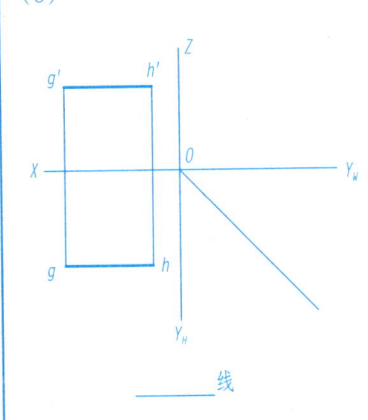

(4) _____线

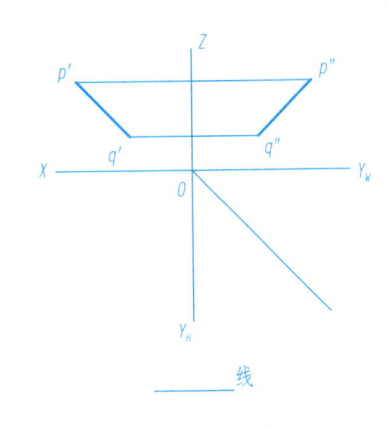

6. 对照立体图在投影图中标出 A、B、C、D 四点的投影，并填空。

(1)

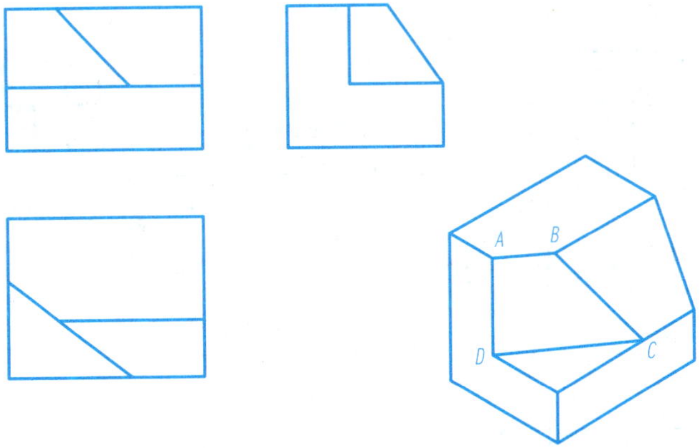

线段 AB 是_____线　　线段 AD 是_____线

线段 BC 是_____线　　线段 CD 是_____线

(2)

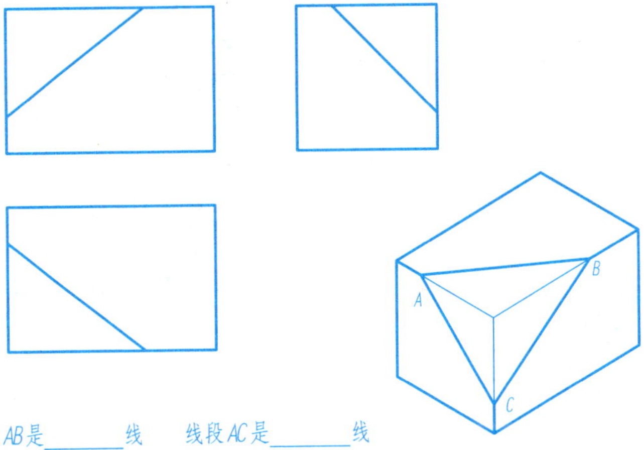

线段 AB 是_____线　　线段 AC 是_____线

线段 BC 是_____线

实训4　绘制平面的三面投影

班级　　　学号　　　姓名

1. 判断下列平面对投影面的相对位置，并画出第三面投影。

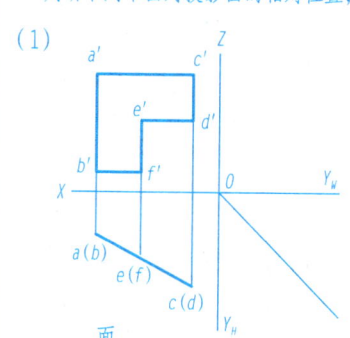

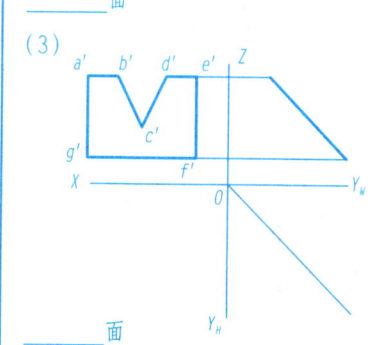

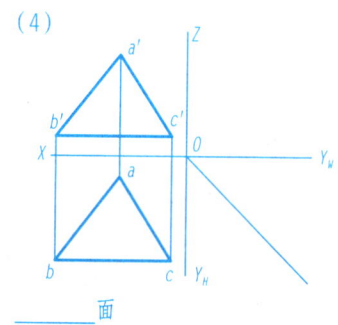

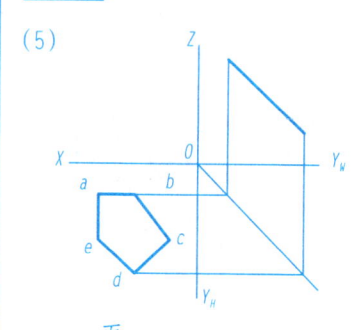

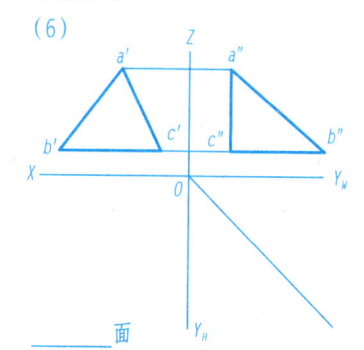

(1) _____面

(2) _____面

(3) _____面

(4) _____面

(5) _____面

(6) _____面

2. 完成三棱锥的侧面投影，并分析各平面的空间位置。

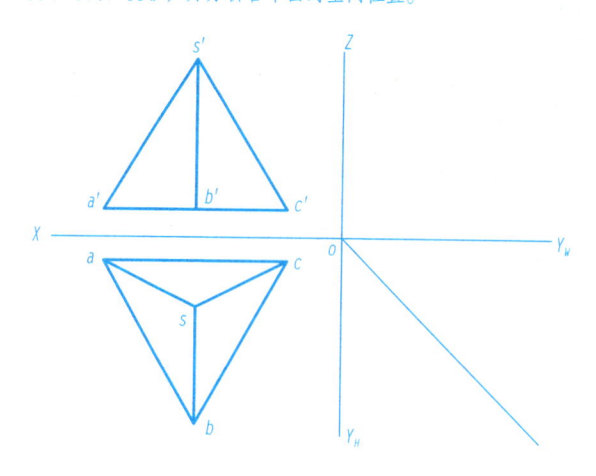

平面 ABC 是_____面

平面 ABS 是_____面

平面 ACS 是_____面

平面 BCS 是_____面

26

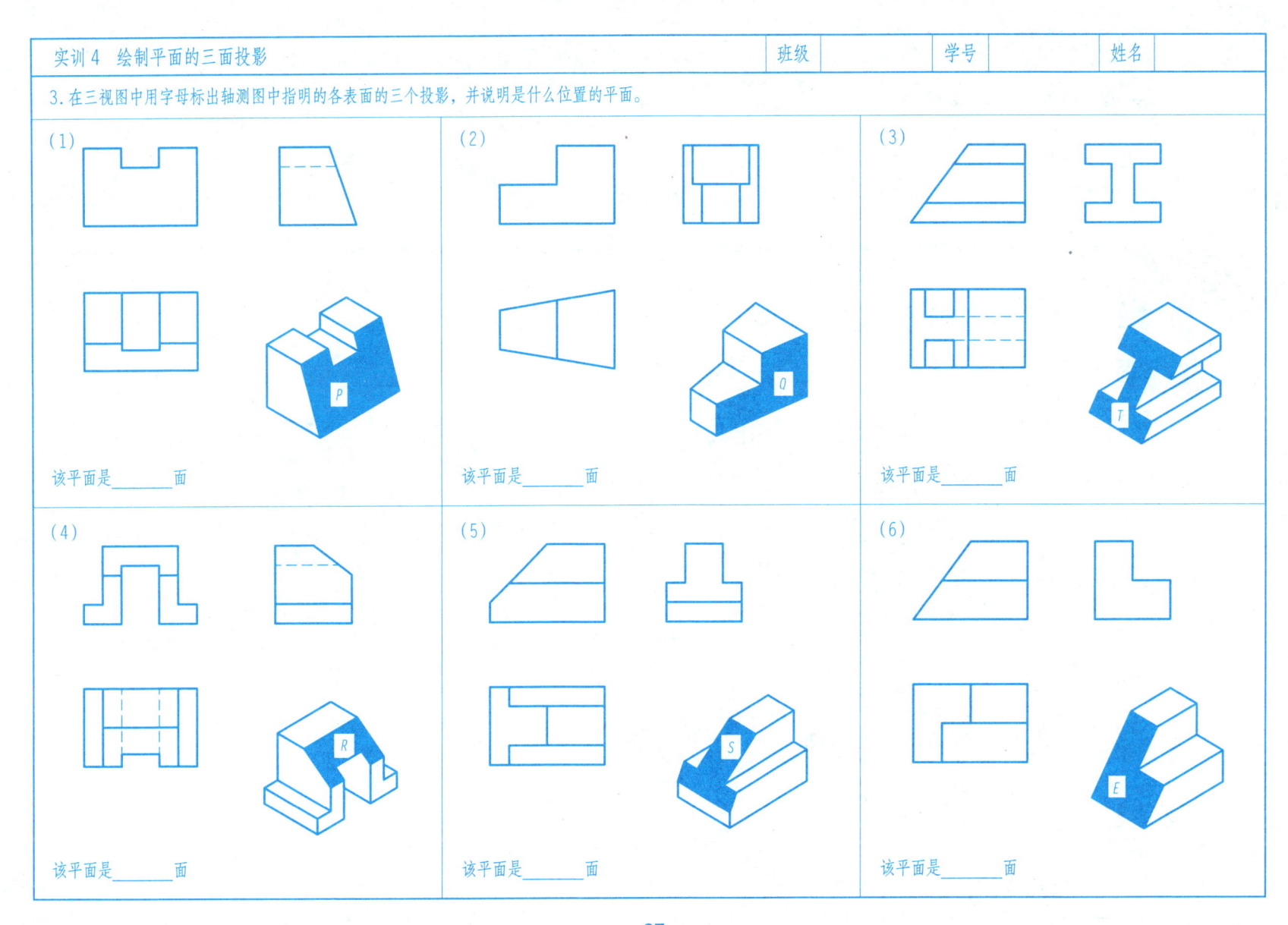

实训4 绘制平面的三面投影　　班级　　学号　　姓名

3.在三视图中用字母标出轴测图中指明的各表面的三个投影,并说明是什么位置的平面。

(1) 该平面是＿＿＿面

(2) 该平面是＿＿＿面

(3) 该平面是＿＿＿面

(4) 该平面是＿＿＿面

(5) 该平面是＿＿＿面

(6) 该平面是＿＿＿面

27

项目四 基本几何体

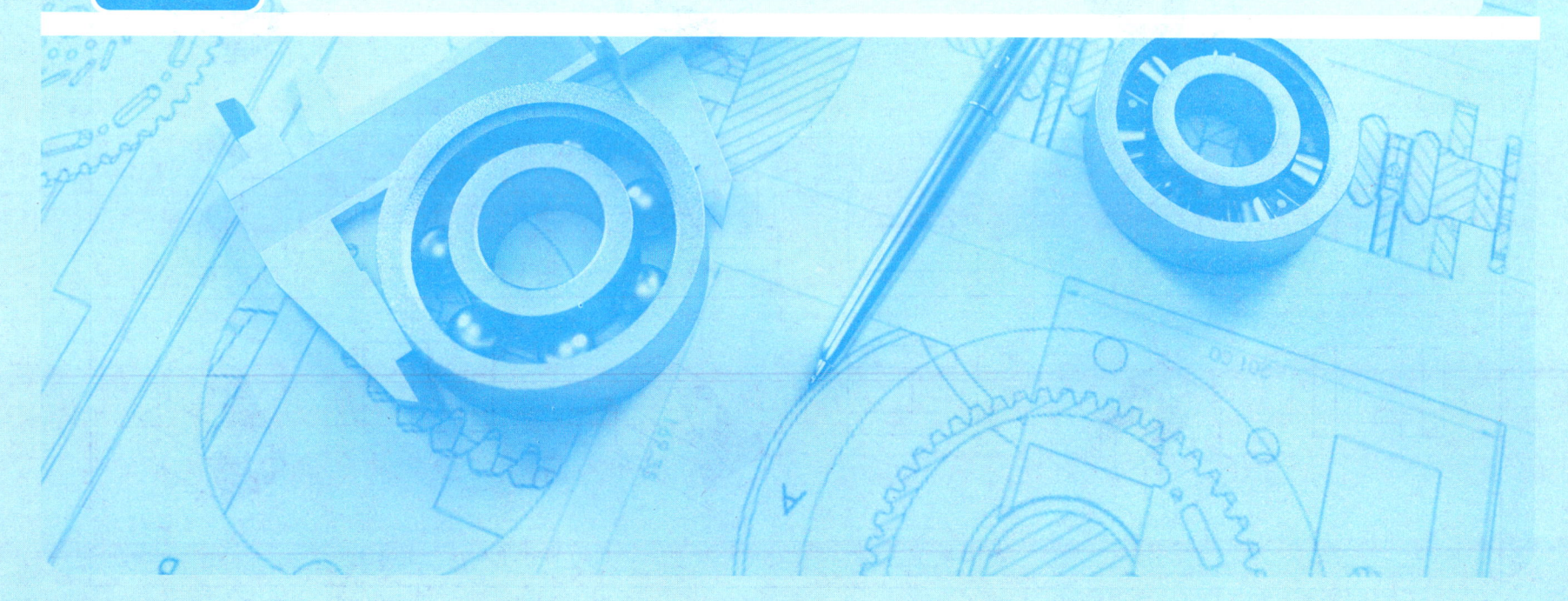

实训 1　根据已知视图所表达的平面立体，补画其指定的视图　　班级　　学号　　姓名

1. 已知主、俯视图，补画左视图。

(1)

(2)

2. 已知俯、左视图，补画主视图。

(1)

(2)

3. 已知主、左视图，补画俯视图。

(1)

(2)

29

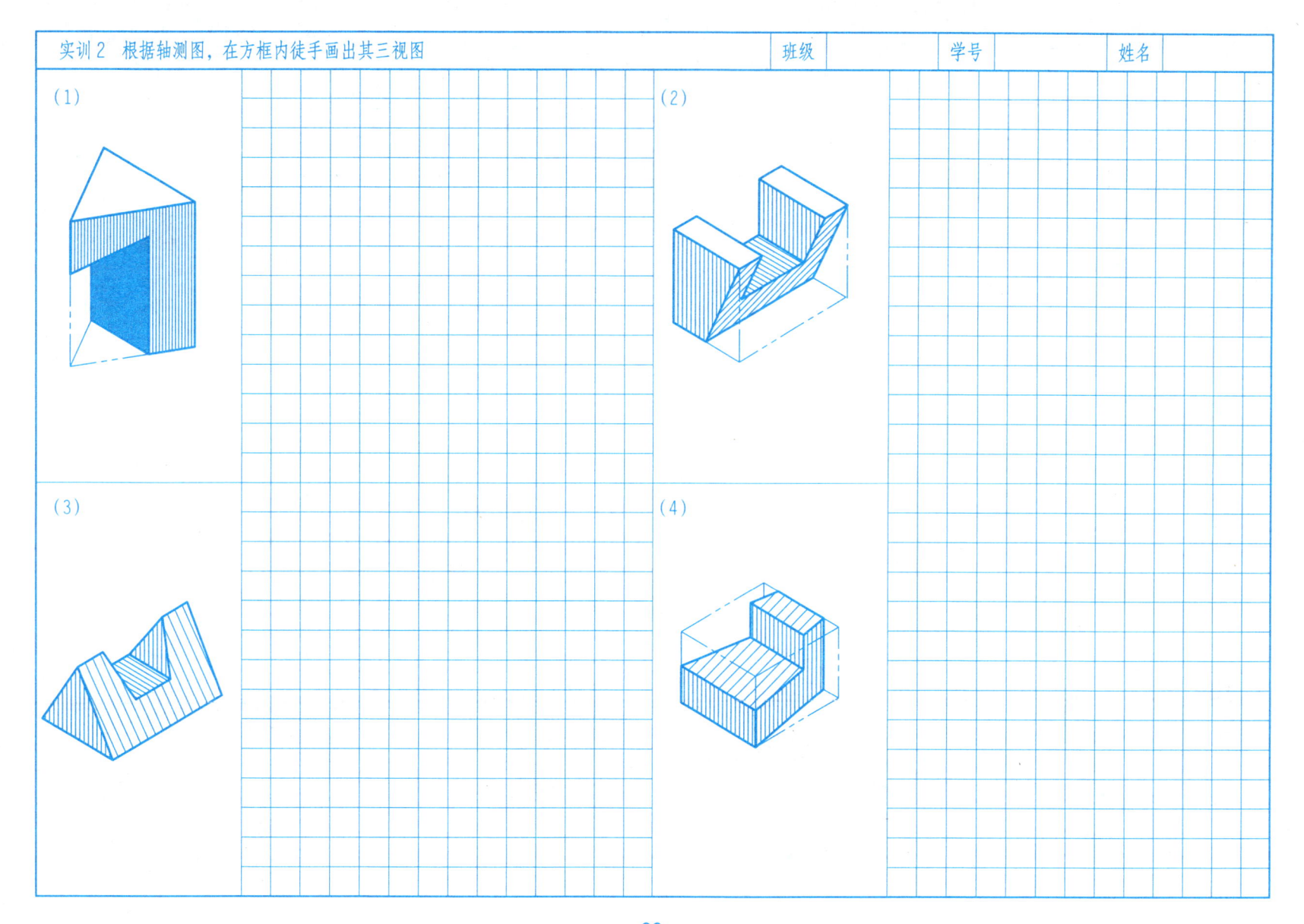

实训2 根据轴测图，在方框内徒手画出其三视图　　班级　　学号　　姓名

(1)

(2)

(3)

(4)

| 实训3 根据已知视图所表达的曲面立体，绘制其指定的视图 | 班级 | 学号 | 姓名 |

1.已知主、俯视图，补画左视图。

(1)

(2)

2.已知俯、左视图，补画主视图。

(1)

(2)

3.已知主、左视图，补画俯视图。

(1)

(2)

31

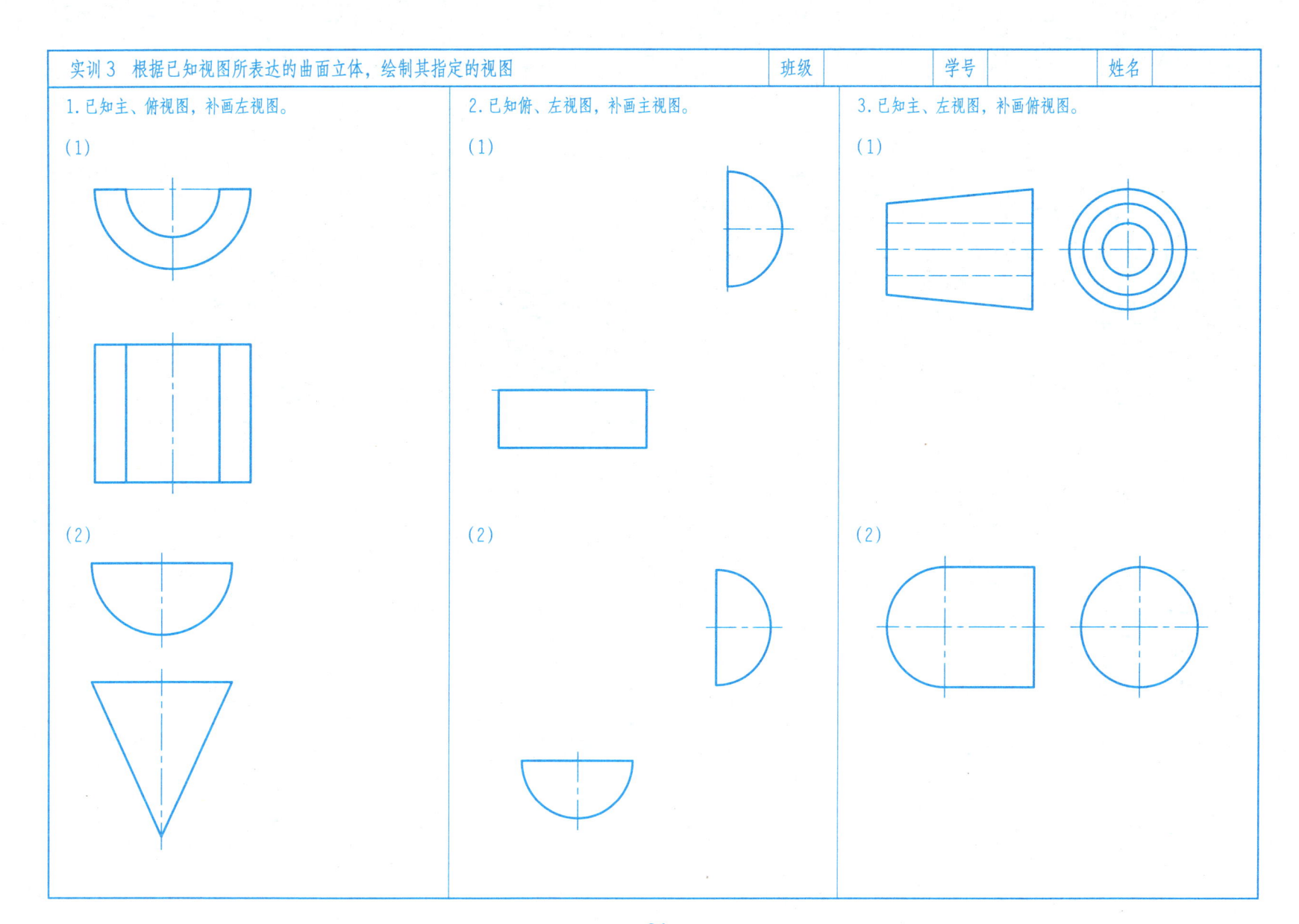

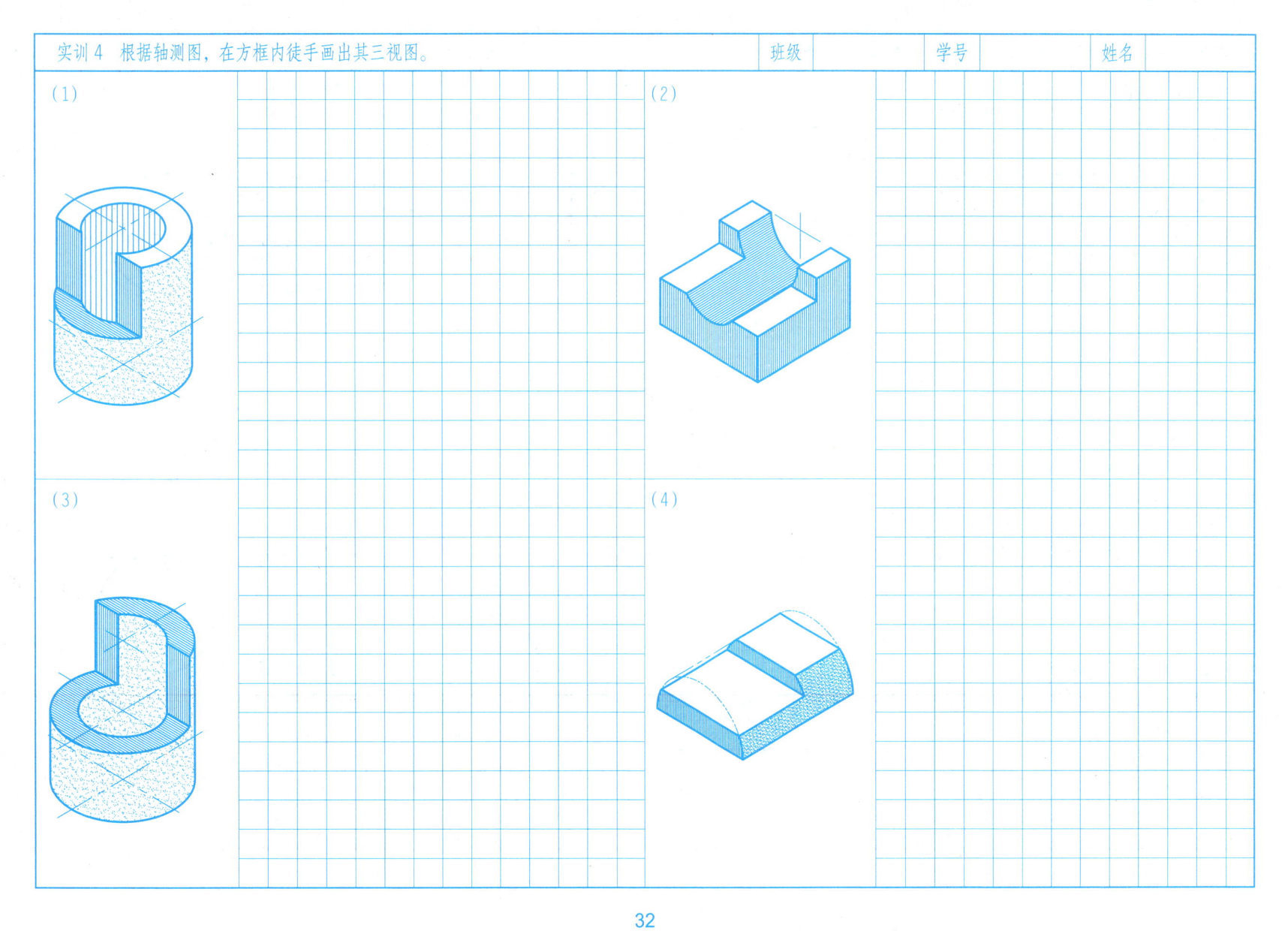

实训4　根据轴测图，在方框内徒手画出其三视图。　　　班级　　　　学号　　　　姓名

(1)

(2)

(3)

(4)

实训5　基本立体表面上的点和线　　班级　　学号　　姓名

1. 作出三棱柱的第三面视图，并补全其表面上各点的其他投影。

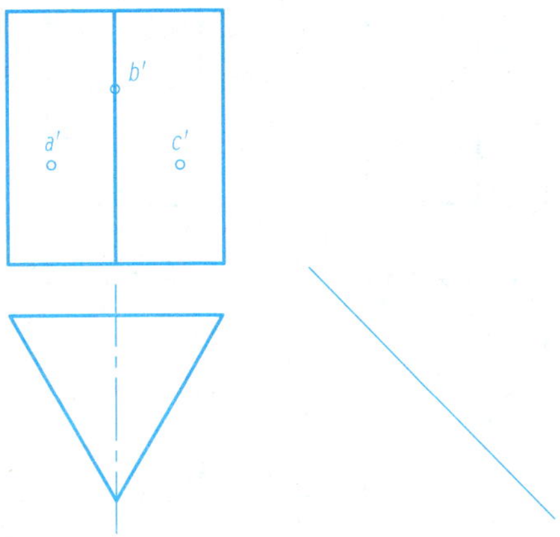

2. 作出六棱柱的第三面视图，并补全其表面上各点的其他投影。

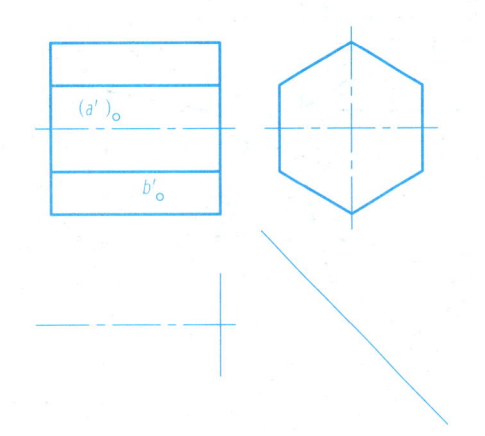

3. 作出三棱锥的第三面视图，并补全其表面上各点的其他投影。

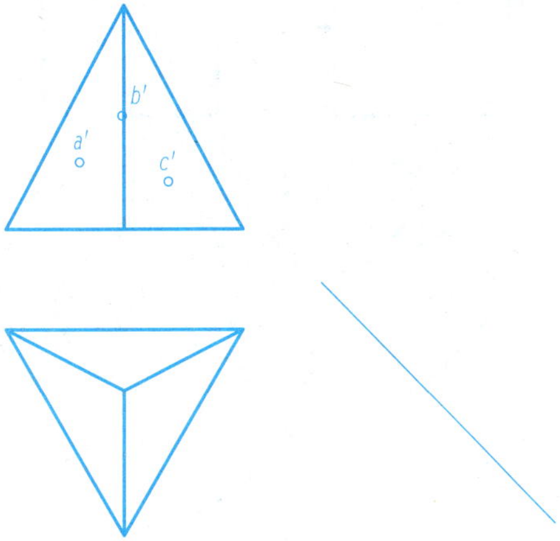

4. 作出四棱台的第三面视图，并补全表面上各点的其他投影。

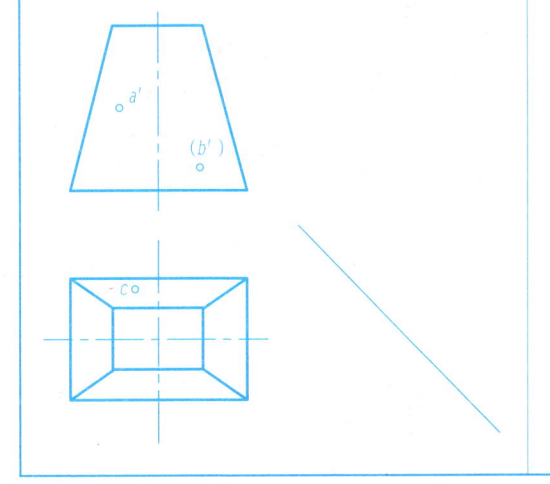

5. 作出五棱柱的第三面视图，并补全表面上各点的其他投影。

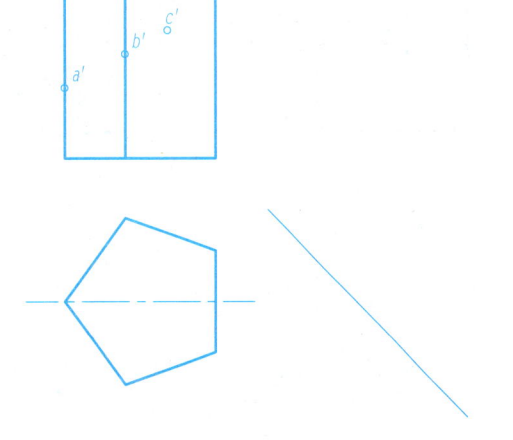

6. 作出五棱锥的第三面视图，并补全表面上各点的其他投影。

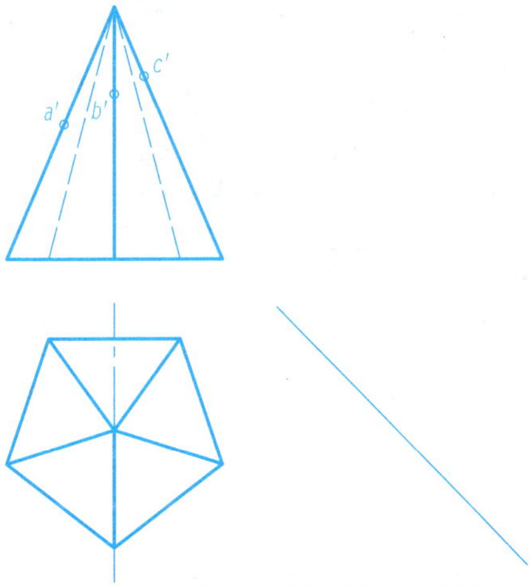

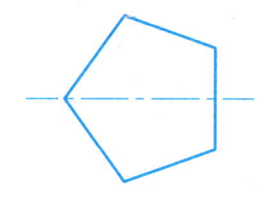

实训 5　基本立体表面上的点和线　　班级　　学号　　姓名

7. 补全四棱柱表面上线的其他投影。

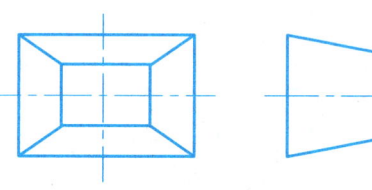

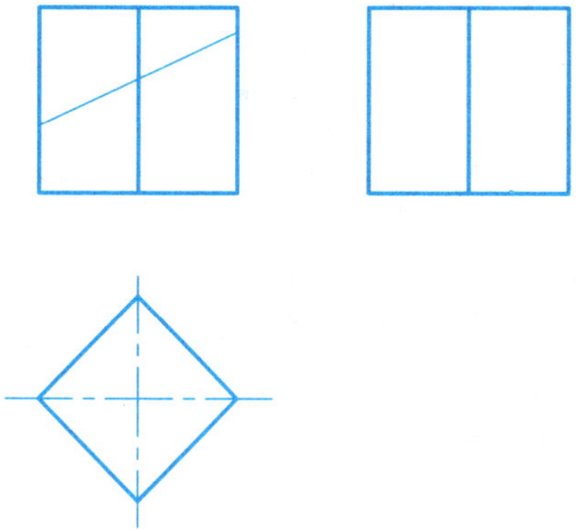

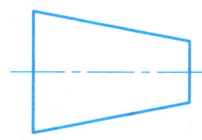

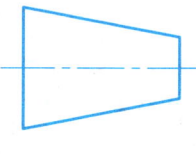

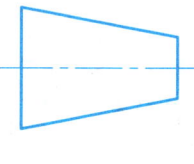

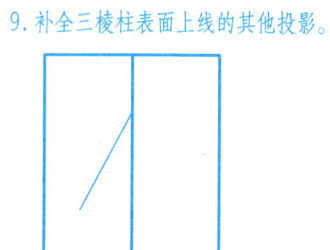

8. 补全四棱台表面上线的其他投影。

9. 补全三棱柱表面上线的其他投影。

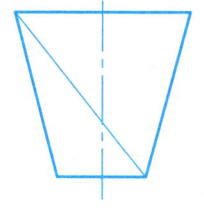

10. 补全三棱锥表面上线的其他投影。

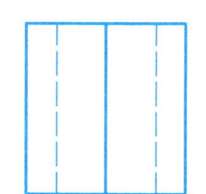

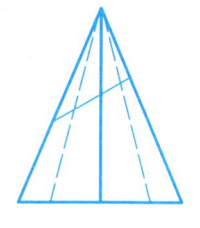

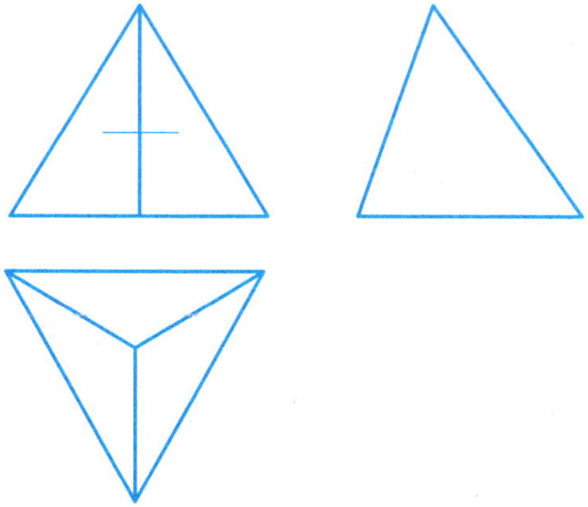

11. 补全五棱柱表面上线的其他投影。

12. 补全五棱锥表面上线的其他投影。

34

实训5　基本立体表面上的点和线　　班级　　学号　　姓名

13. 作出圆柱体的第三面视图，并补全表面上各点的其他投影。

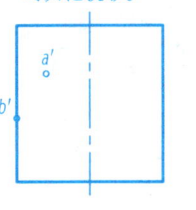

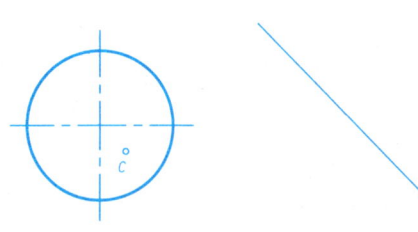

14. 作出圆锥体的第三面视图，并补全表面上各点的其他投影。

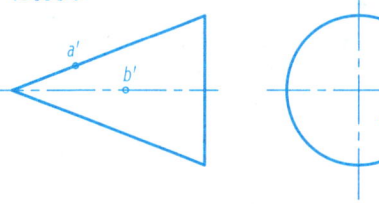

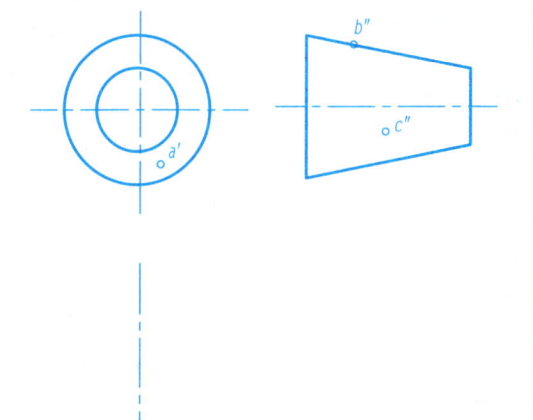

15. 作出球体的第三面视图，并补全表面上各点的其他投影。

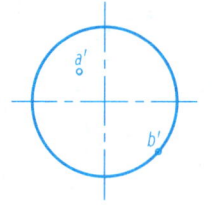

16. 作出圆柱体的第三面视图，并补全表面上各点的其他投影。

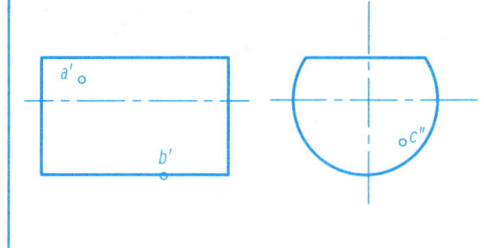

17. 作出圆台体的第三面视图，并补全表面上各点的其他投影。

18. 作出半球体的第三面视图，并补全表面上各点的其他投影。

35

实训5　基本立体表面上的点和线　　班级　　学号　　姓名

19. 补全圆柱体表面上线的其他投影。

20. 补全圆台表面上线的其他投影。

21. 补全球体表面上线的其他投影。

22. 补全回转体表面上线的其他投影。

23. 补全回转体表面上线的其他投影。

24. 补全回转体表面上线的其他投影。

项目五
05 组合体

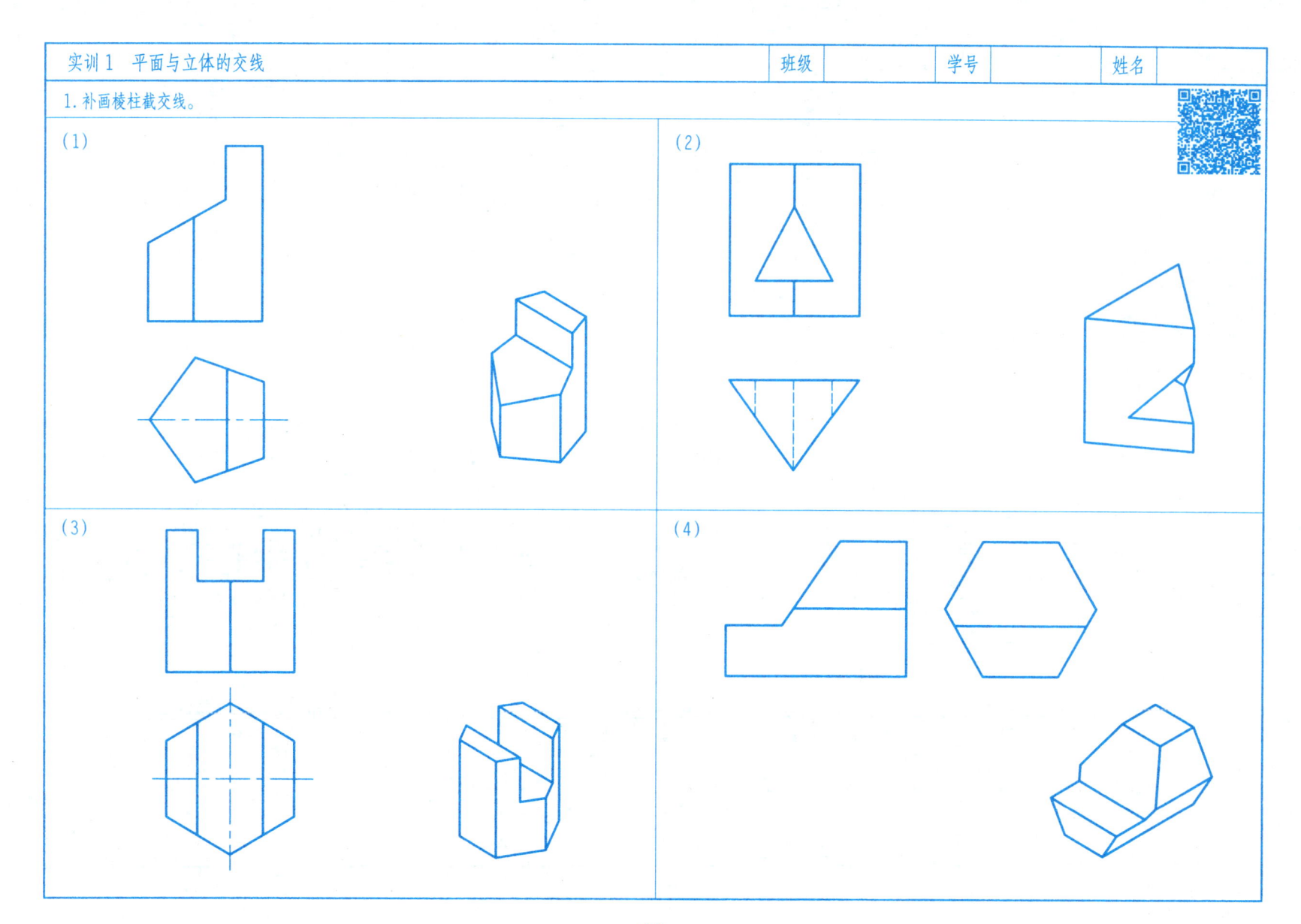

实训1　平面与立体的交线　　班级　　学号　　姓名

1. 补画棱柱截交线。

(1)

(2)

(3)

(4)

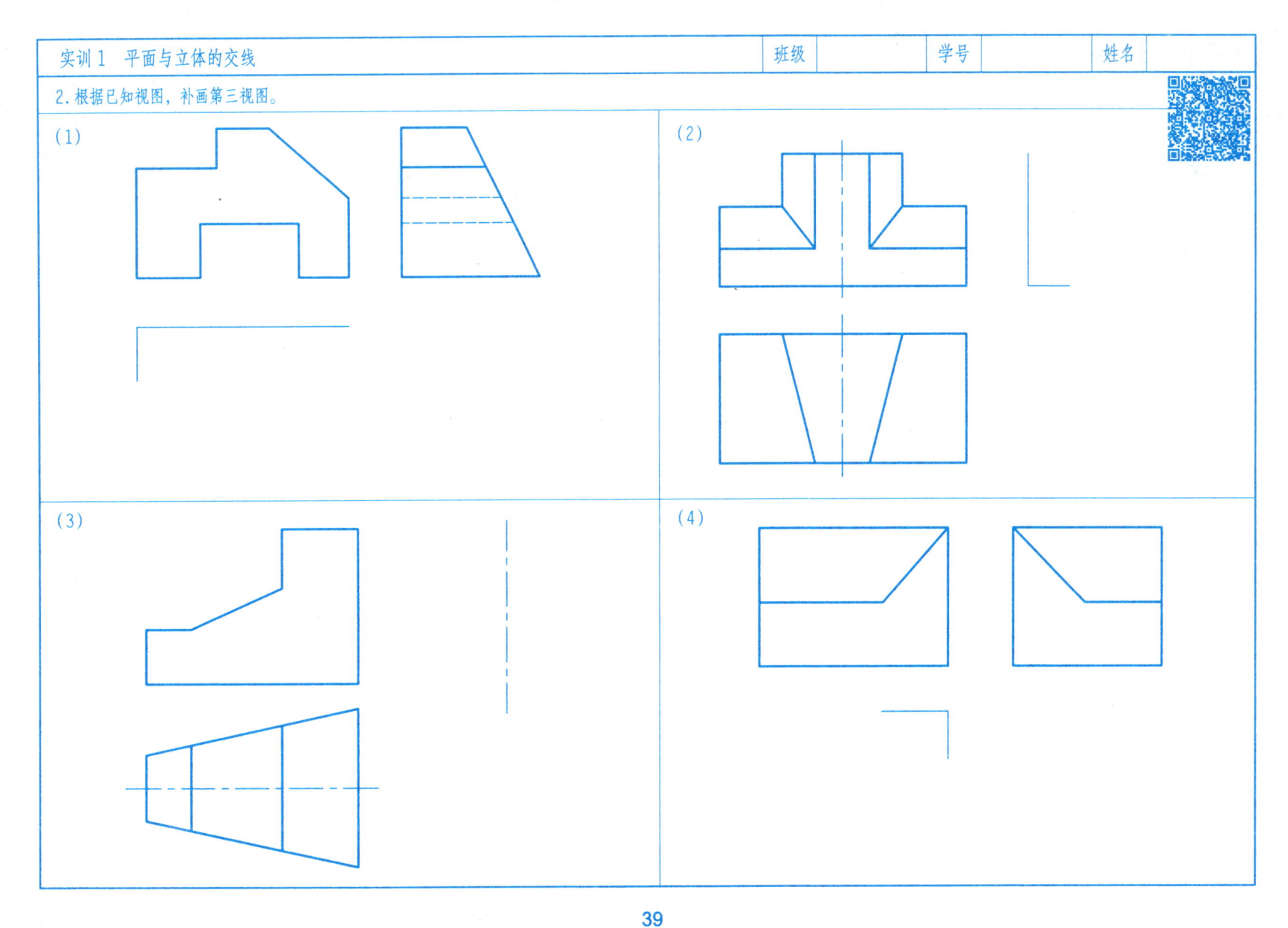

实训 1　平面与立体的交线　　　班级　　　学号　　　姓名

2.根据已知视图，补画第三视图。

(1)

(2)

(3)

(4)

39

实训1　平面与立体的交线　　　班级　　　学号　　　姓名

3. 补画棱锥（棱台）截交线。

(1)

(2)

(3)

(4)

40

实训1 平面与立体的交线　　班级　　学号　　姓名

4.根据已知视图，补全圆柱三视图。

(1)　(2)　(3)

(4)　(5)　(6)

实训1　平面与立体的交线　　班级　　学号　　姓名

(7)

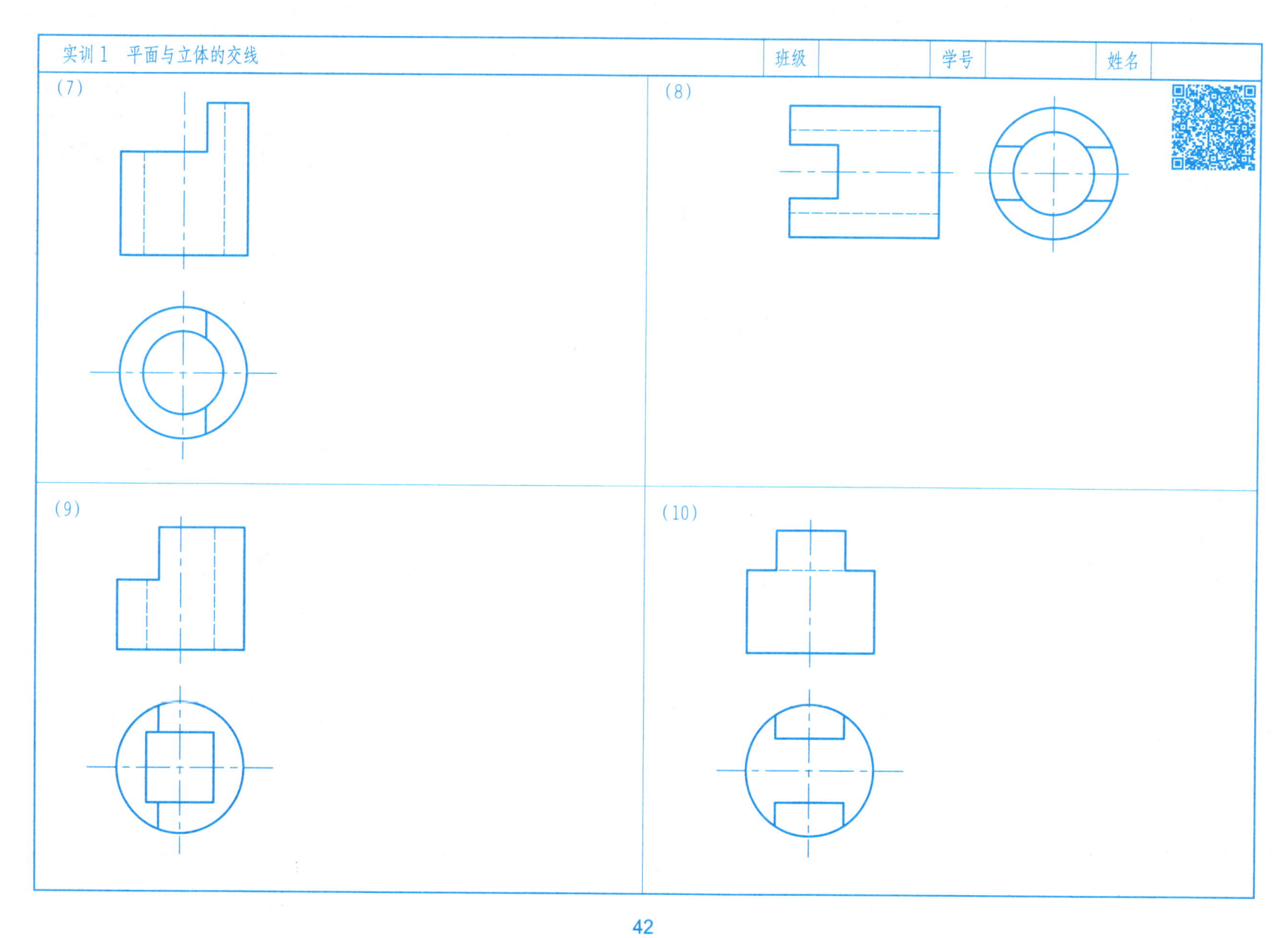

(8)

(9)

(10)

42

| 实训 1　平面与立体的交线 | 班级　　　学号　　　姓名 |

5.根据已知视图，补全圆台(圆锥)三视图。

(1)

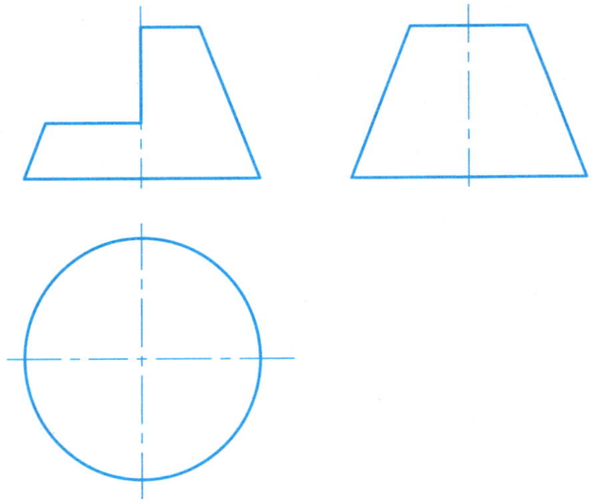

(2)

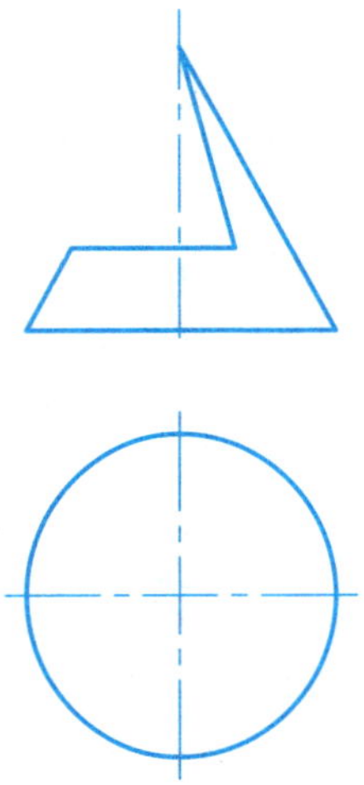

(3)

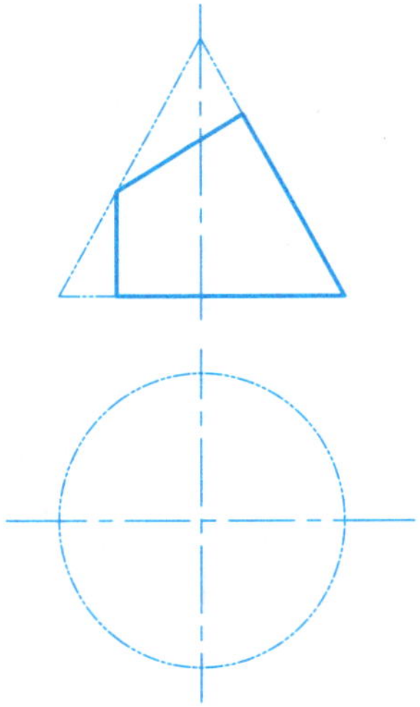

(4)

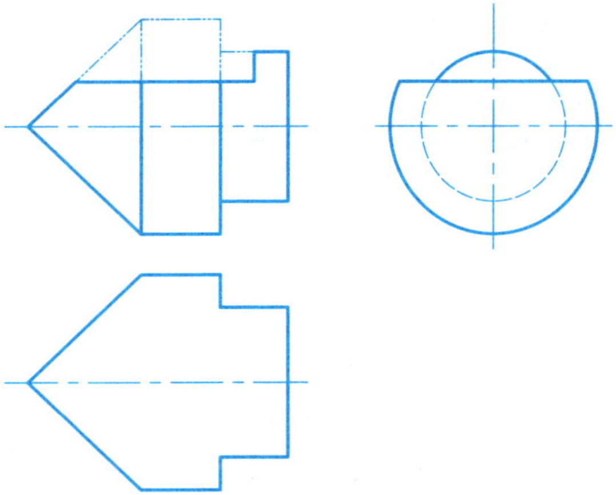

实训1　平面与立体的交线

6.根据已知视图，补全圆球三视图。

(1)

(2)

(3)

(4)

| 实训 1　平面与立体的交线 | 班级　　　学号　　　姓名 |

7. 标注、补全下列图形中的尺寸（数值从图中量取，取整数）。

(1)

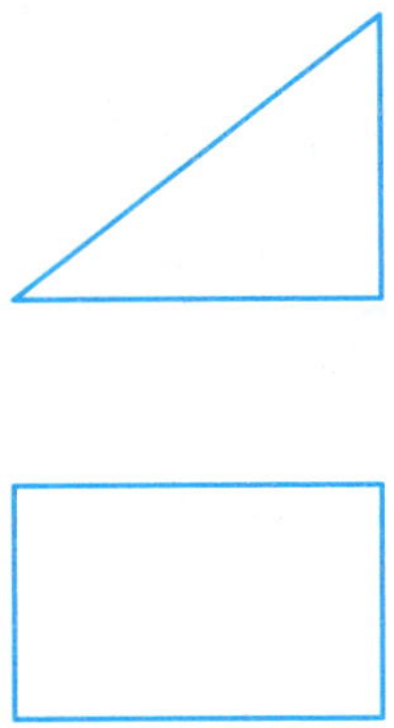

(2) 23　16

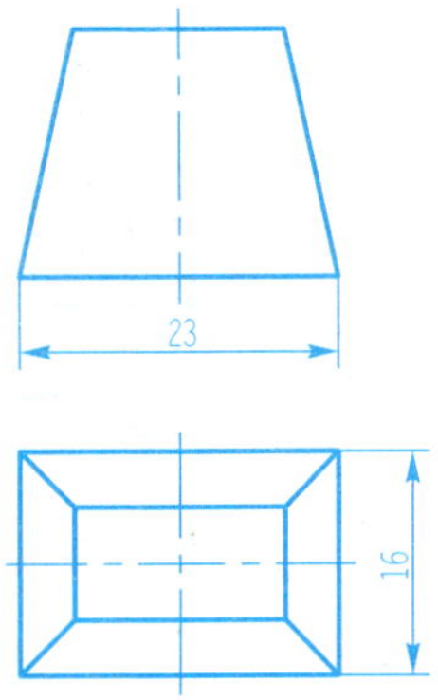

(3) 23

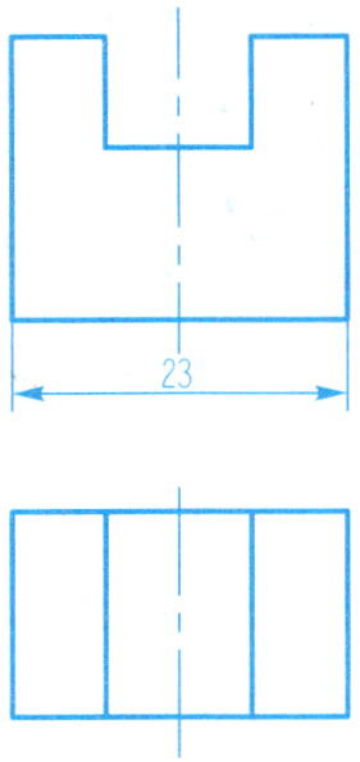

(4) 15

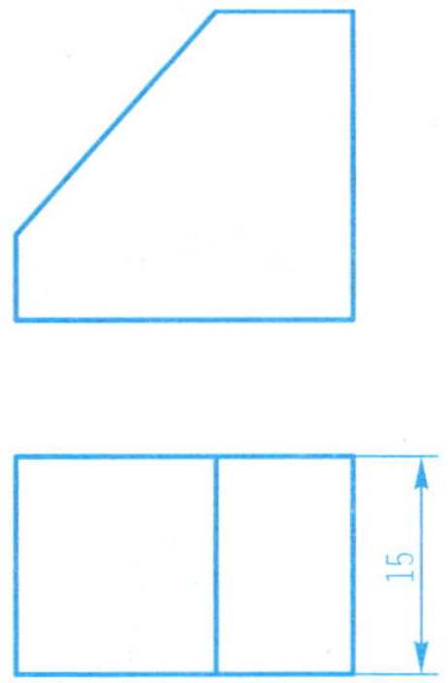

(5) φ21

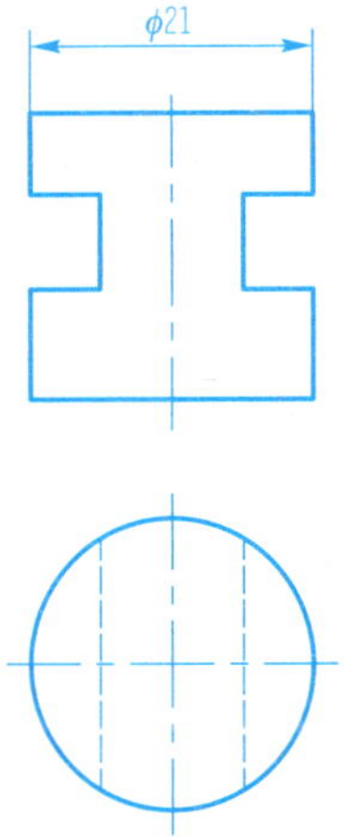

(6) φ21

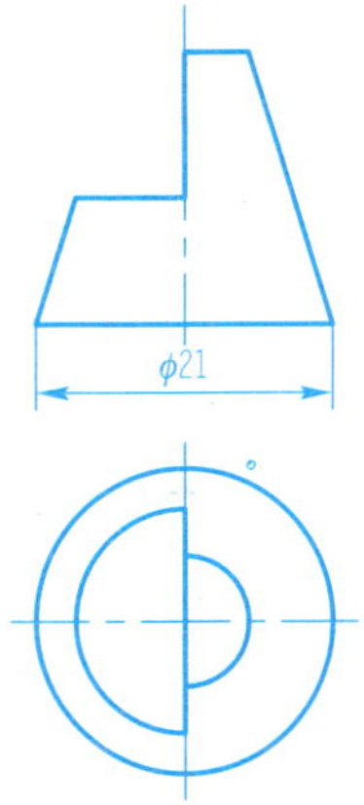

(7) SR13

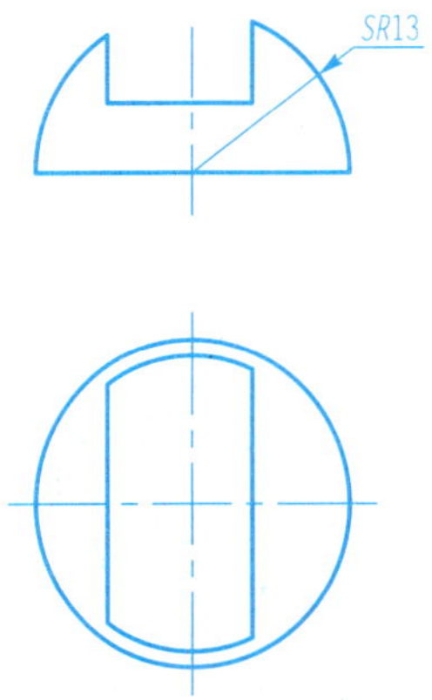

(8) 32　16　R3

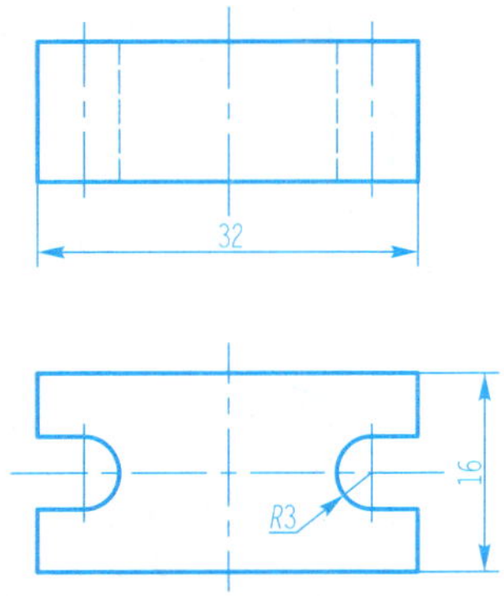

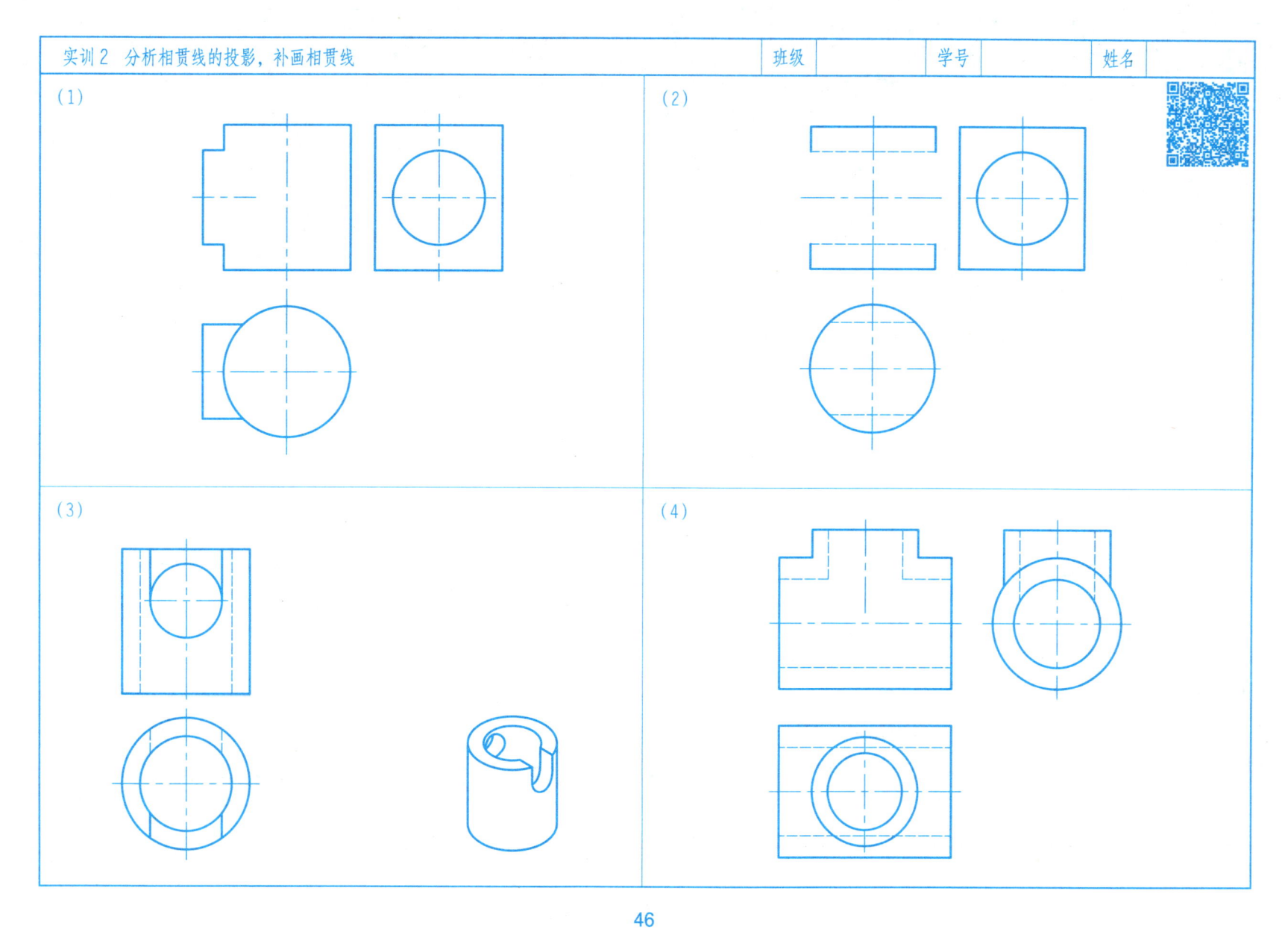

实训 2　分析相贯线的投影，补画相贯线　　　　班级　　　　学号　　　　姓名

(1)

(2)

(3)

(4)

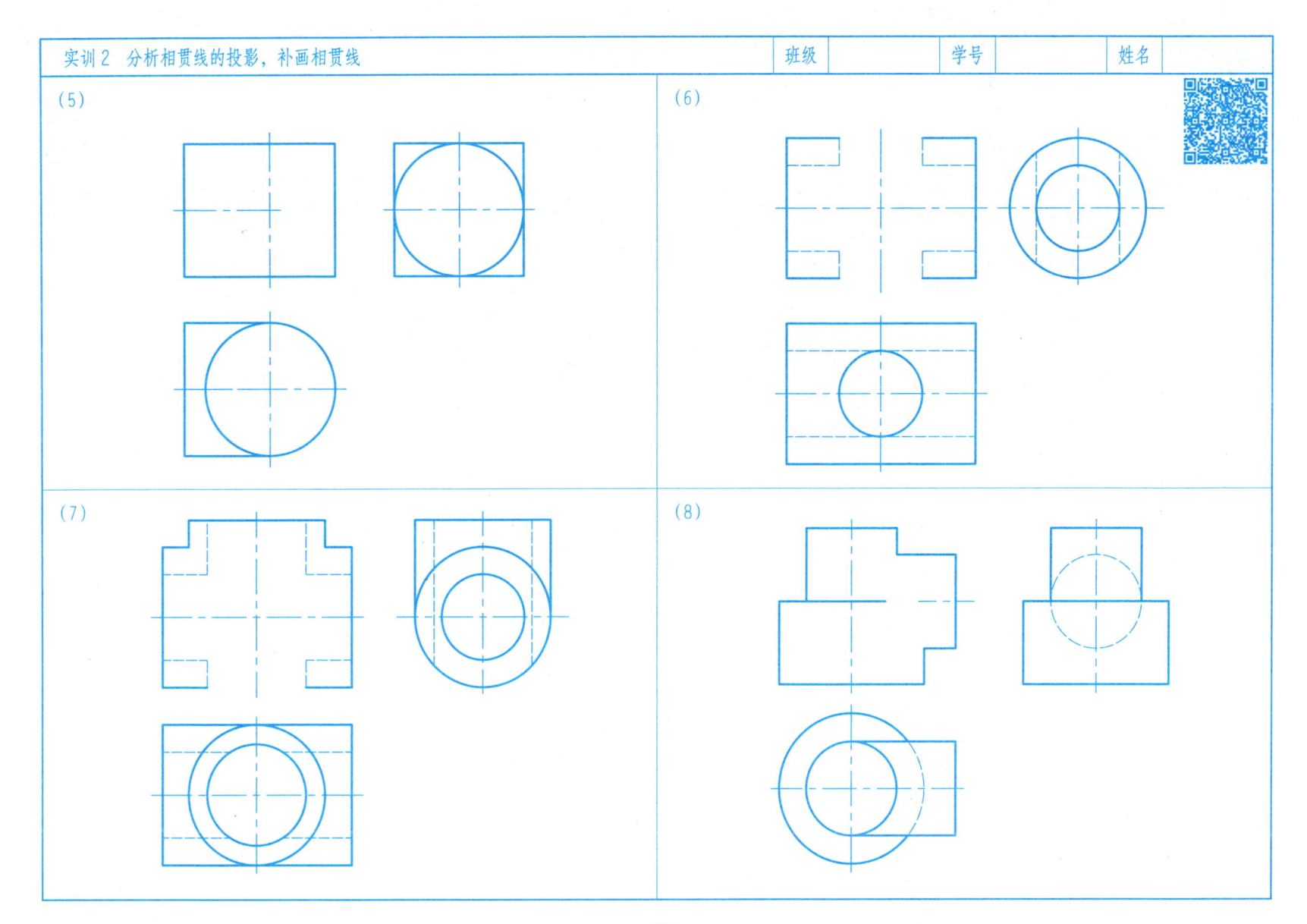

实训2　分析相贯线的投影，补画相贯线　　班级　　学号　　姓名

(5)

(6)

(7)

(8)

47

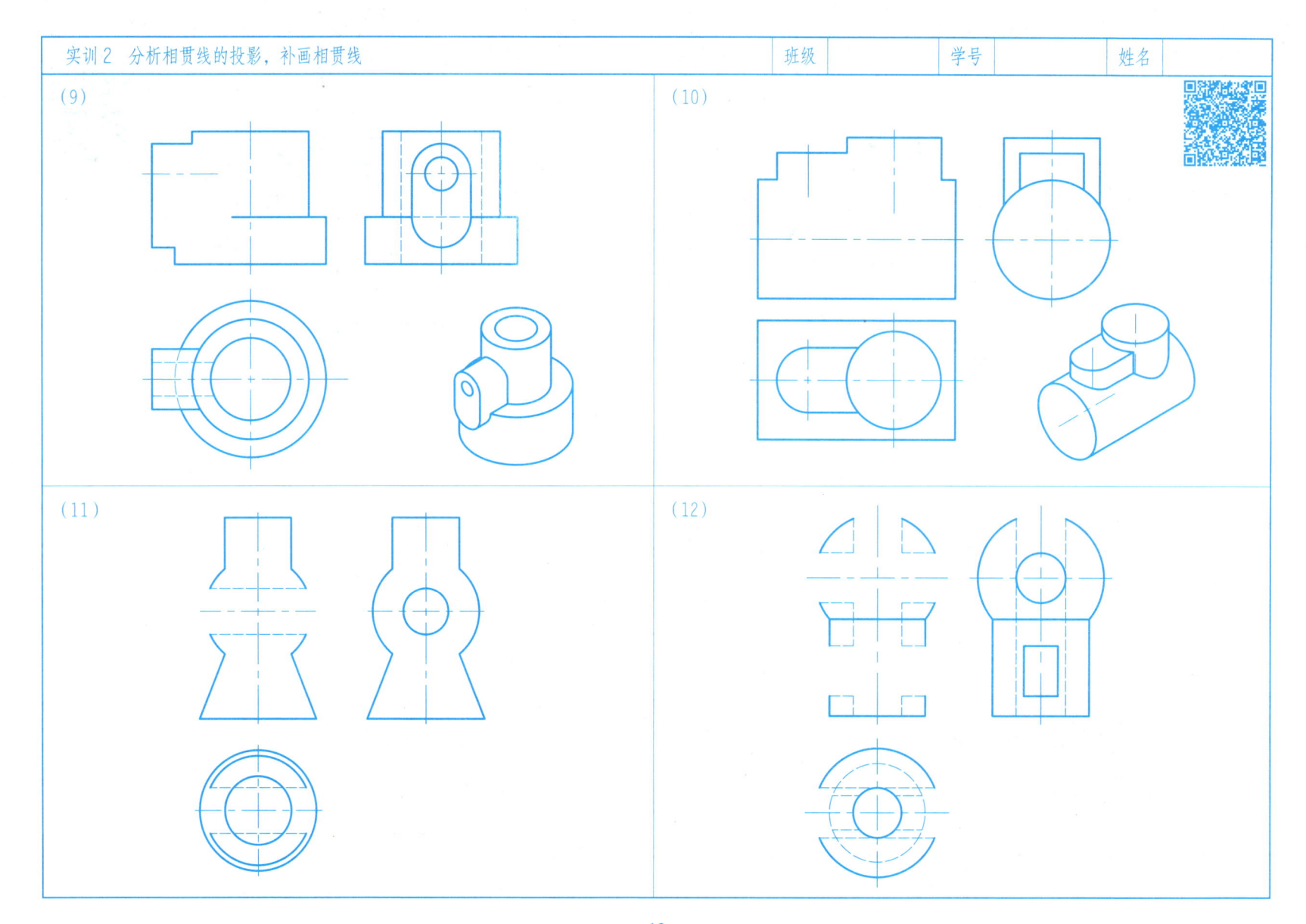

实训2　分析相贯线的投影，补画相贯线　　班级　　学号　　姓名

(9)

(10)

(11)

(12)

48

实训3 根据轴测图，画出组合体的三视图　　班级　　学号　　姓名

(1)

(2)

49

实训3 根据轴测图，画出组合体的三视图　　　班级　　　学号　　　姓名

(3)

(4)

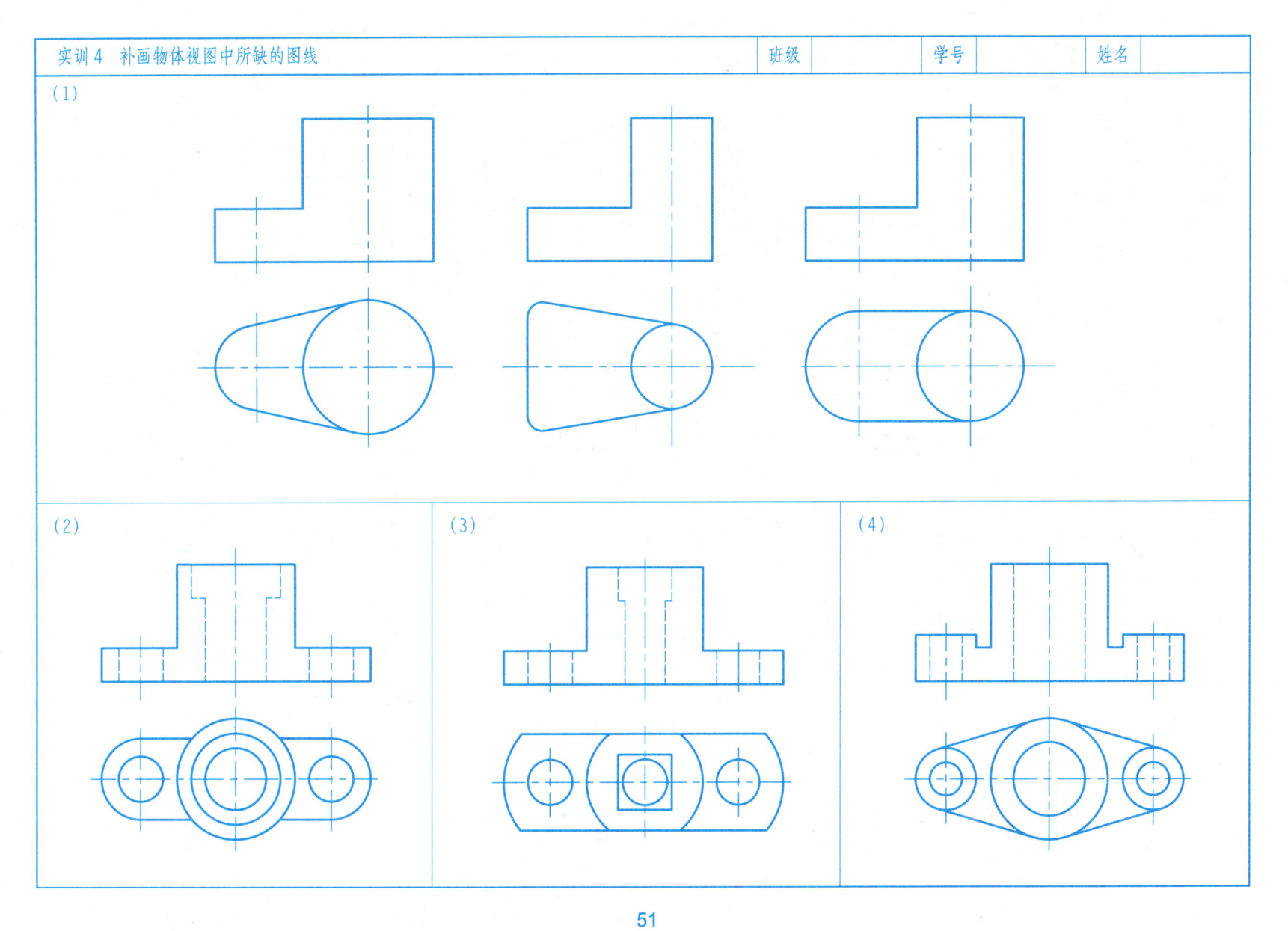

实训4 补画物体视图中所缺的图线   班级   学号   姓名

(1)

(2)　　(3)　　(4)

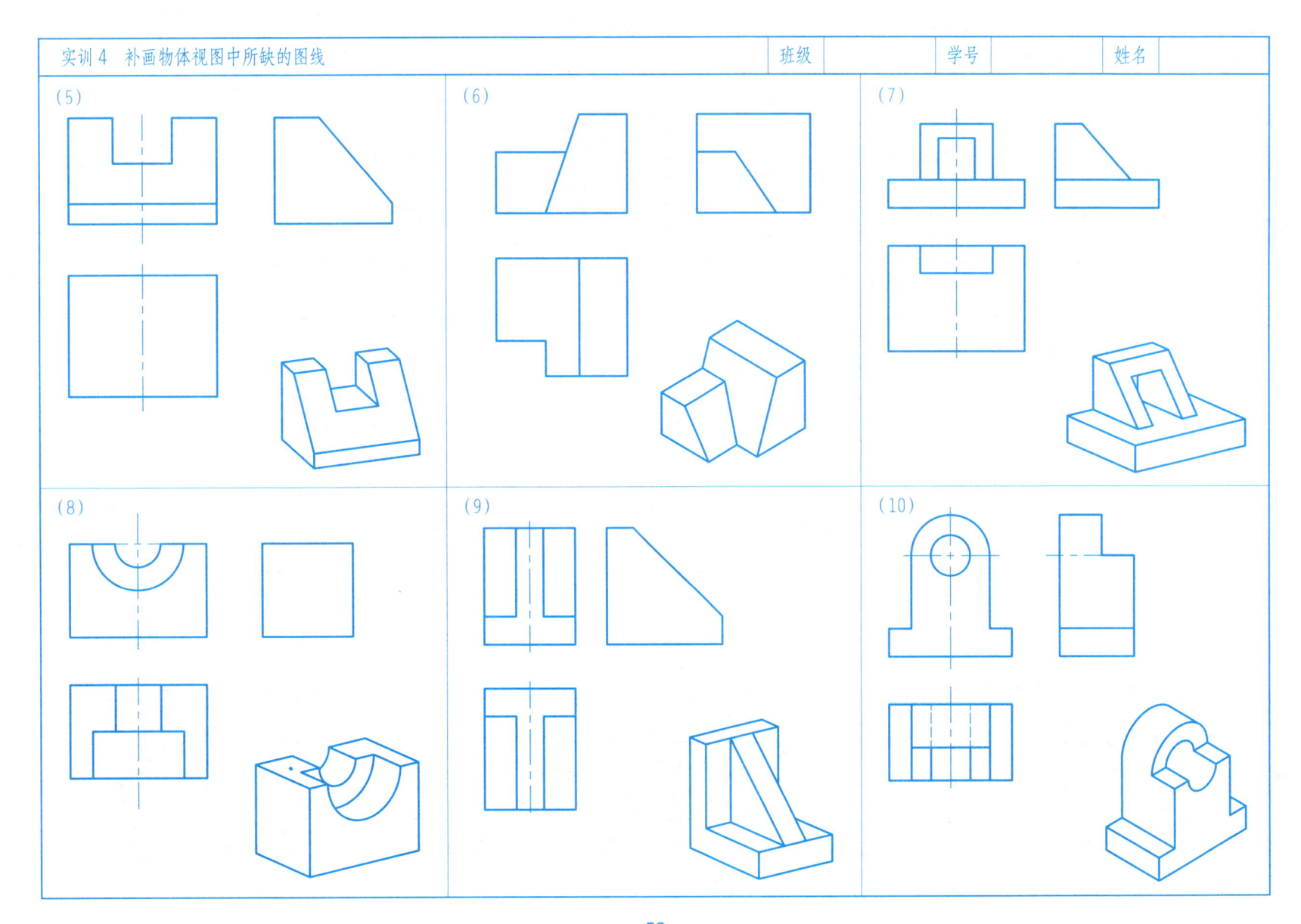

实训4　补画物体视图中所缺的图线

(5) (6) (7) (8) (9) (10)

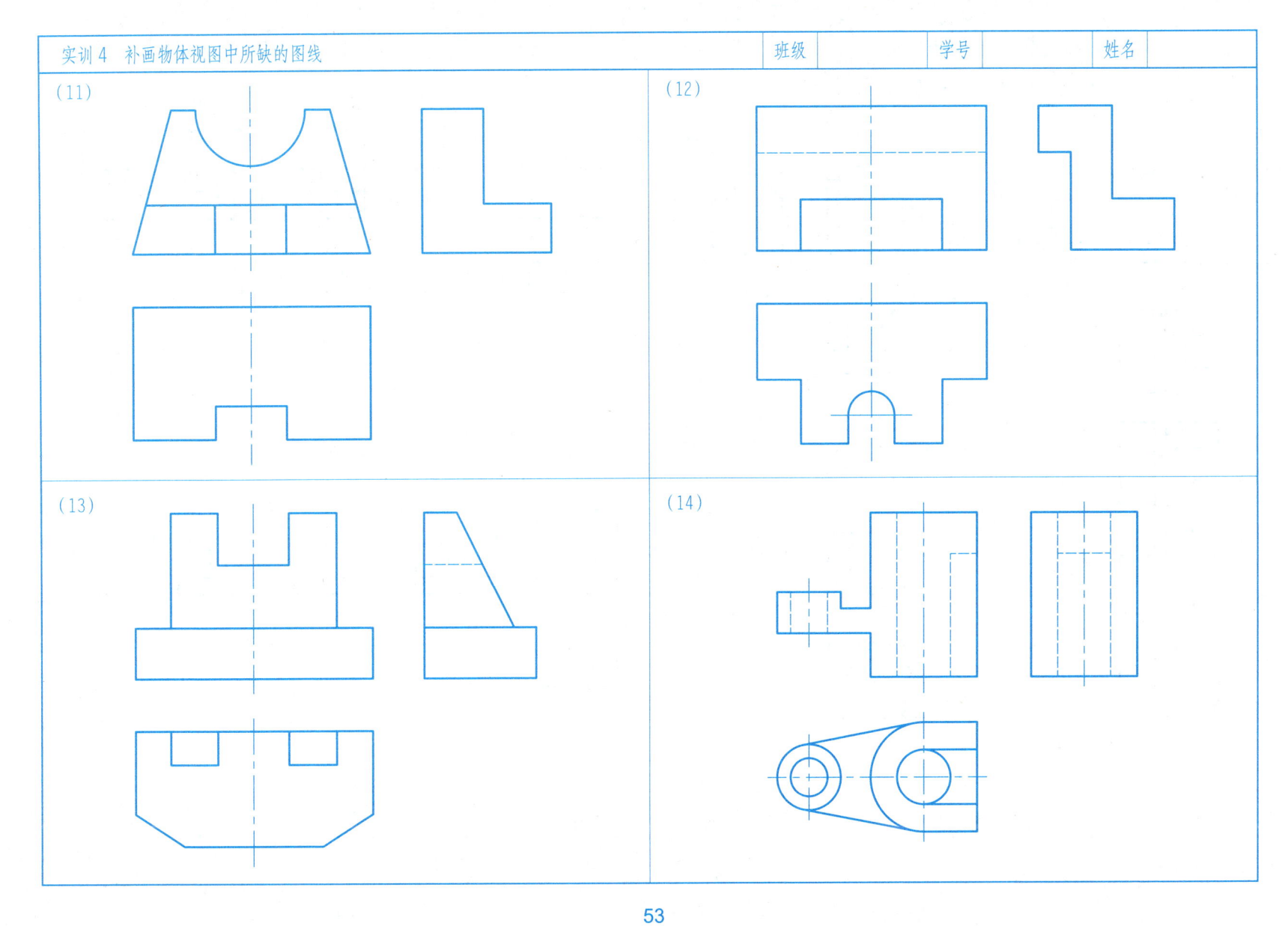

实训4　补画物体视图中所缺的图线　　班级　　学号　　姓名

(11)

(12)

(13)

(14)

53

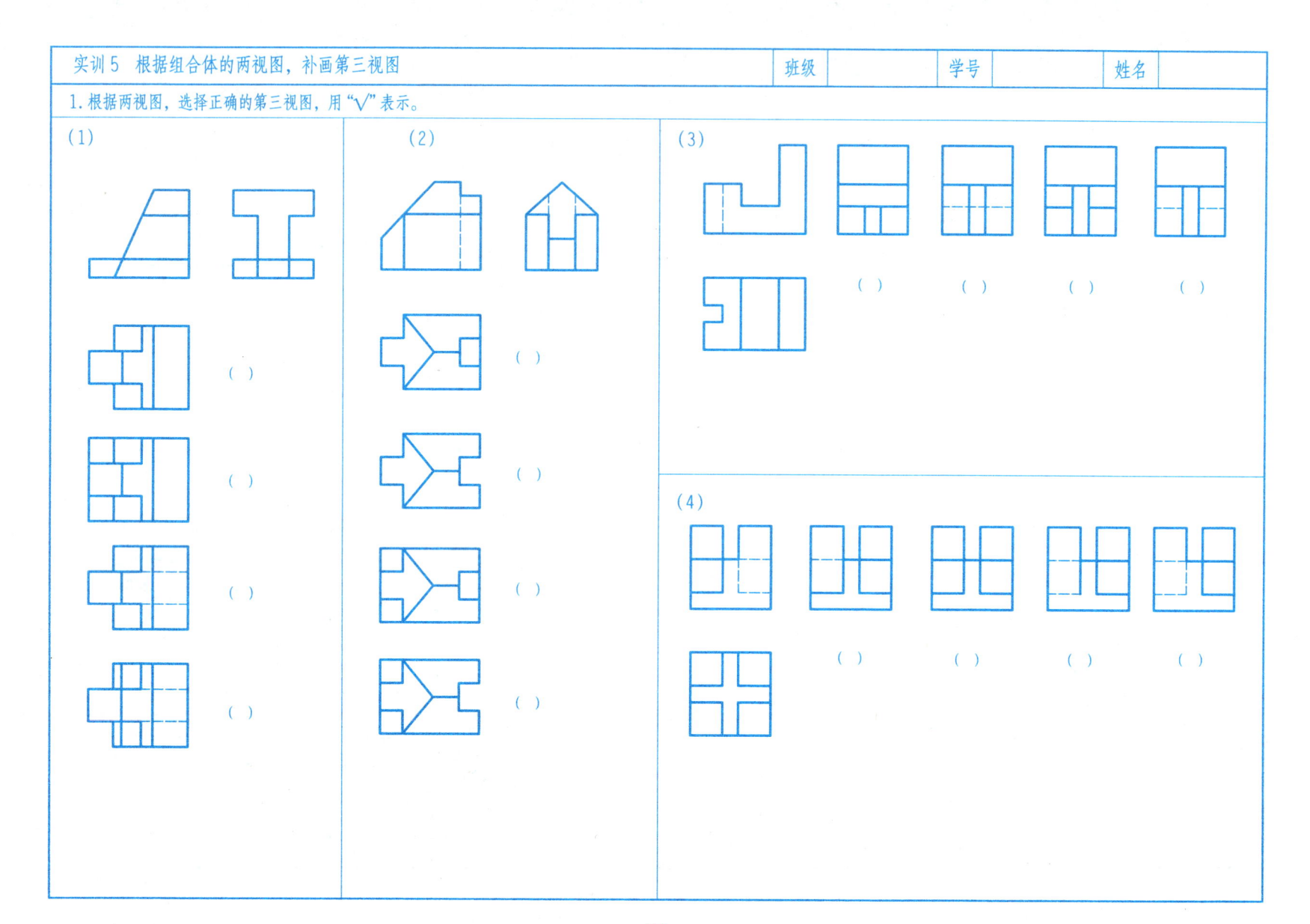

实训5 根据组合体的两视图，补画第三视图 　　班级　　　学号　　　姓名

1.根据两视图，选择正确的第三视图，用"√"表示。

(1)

(2)

(3)

(4)

54

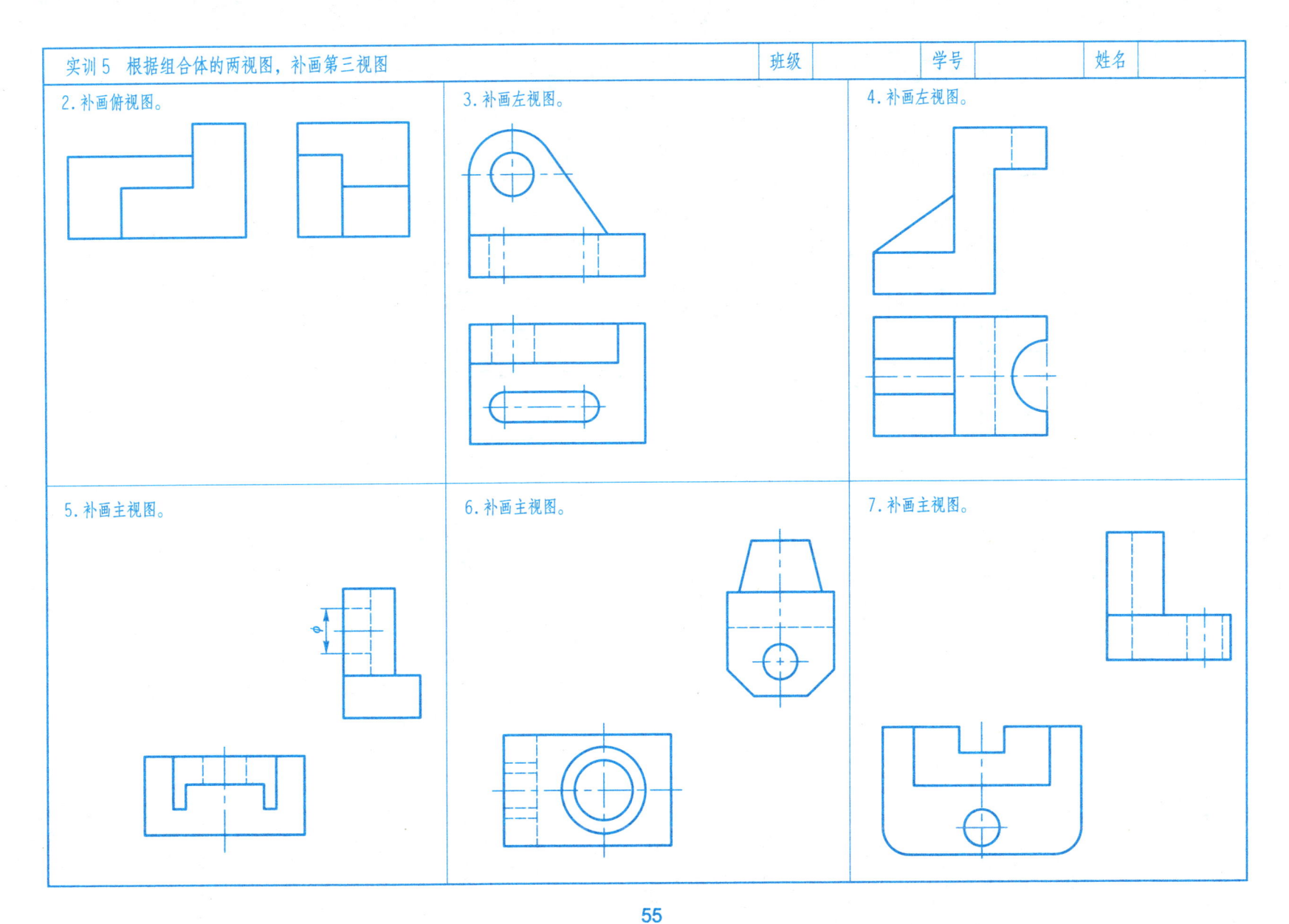

实训 5　根据组合体的两视图，补画第三视图　　班级　　　学号　　　姓名

2. 补画俯视图。

3. 补画左视图。

4. 补画左视图。

5. 补画主视图。

6. 补画主视图。

7. 补画主视图。

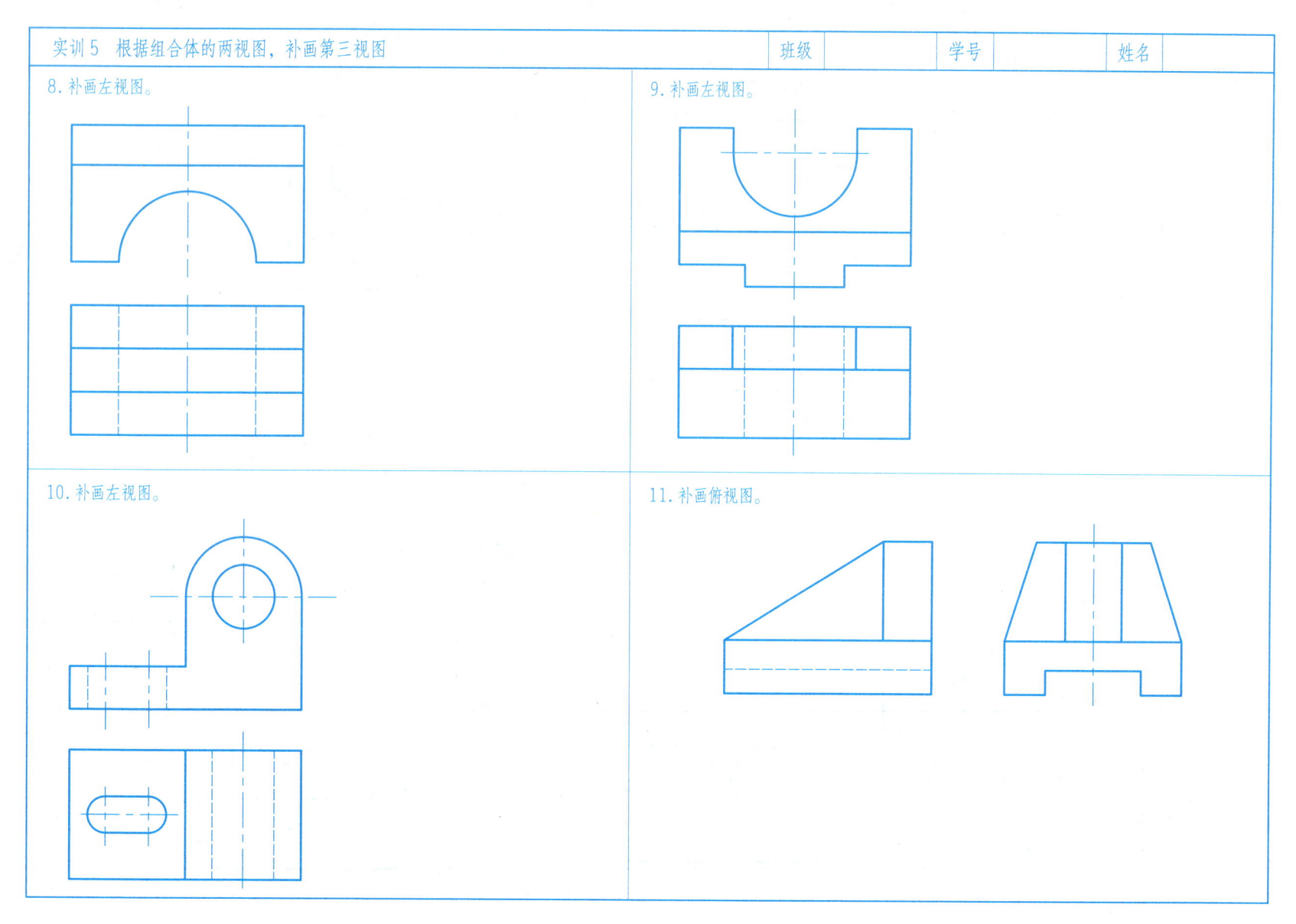

实训5　根据组合体的两视图，补画第三视图　　班级　　　学号　　　姓名

8. 补画左视图。

9. 补画左视图。

10. 补画左视图。

11. 补画俯视图。

56

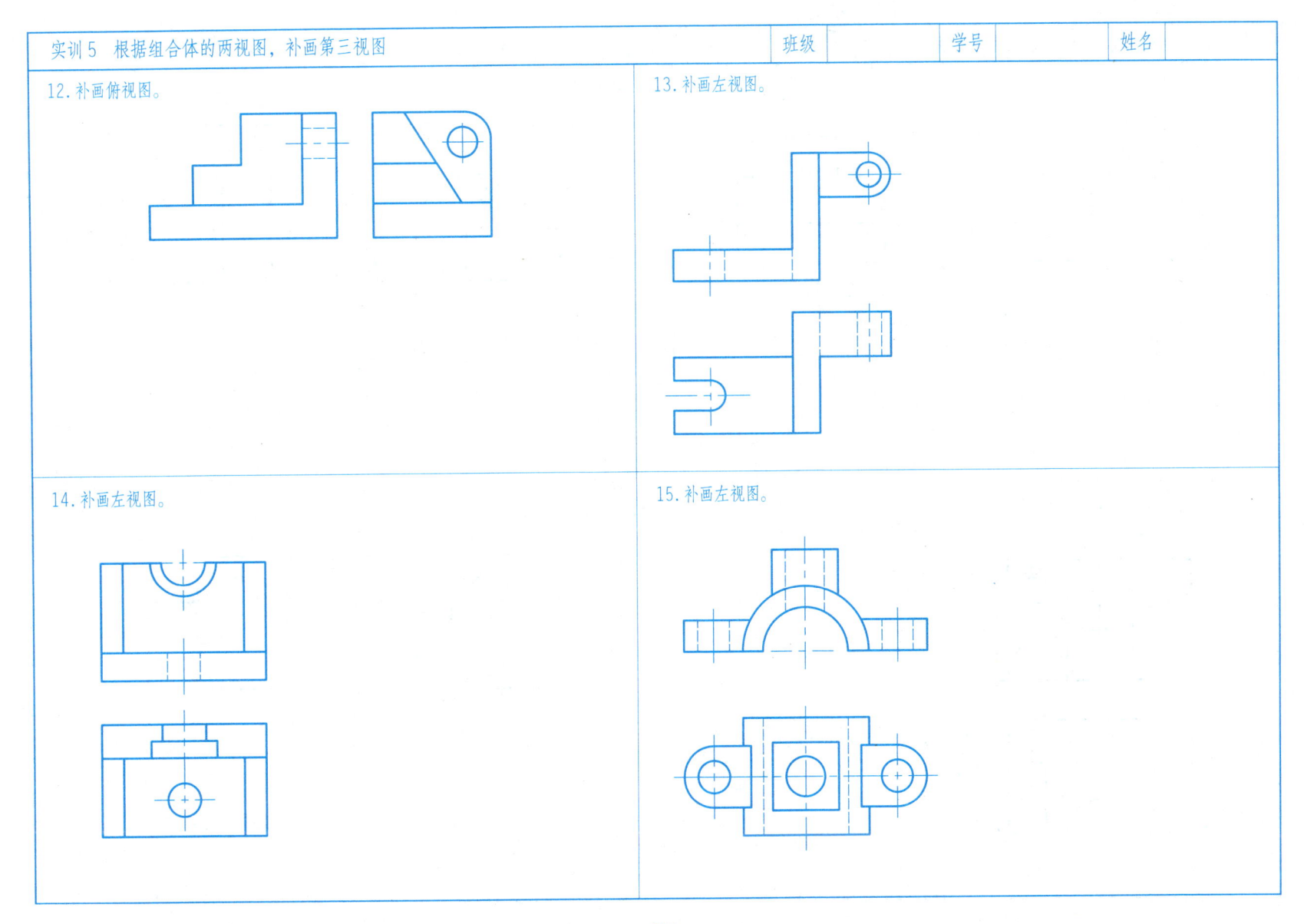

实训 5　根据组合体的两视图，补画第三视图　　班级　　学号　　姓名

12. 补画俯视图。

13. 补画左视图。

14. 补画左视图。

15. 补画左视图。

57

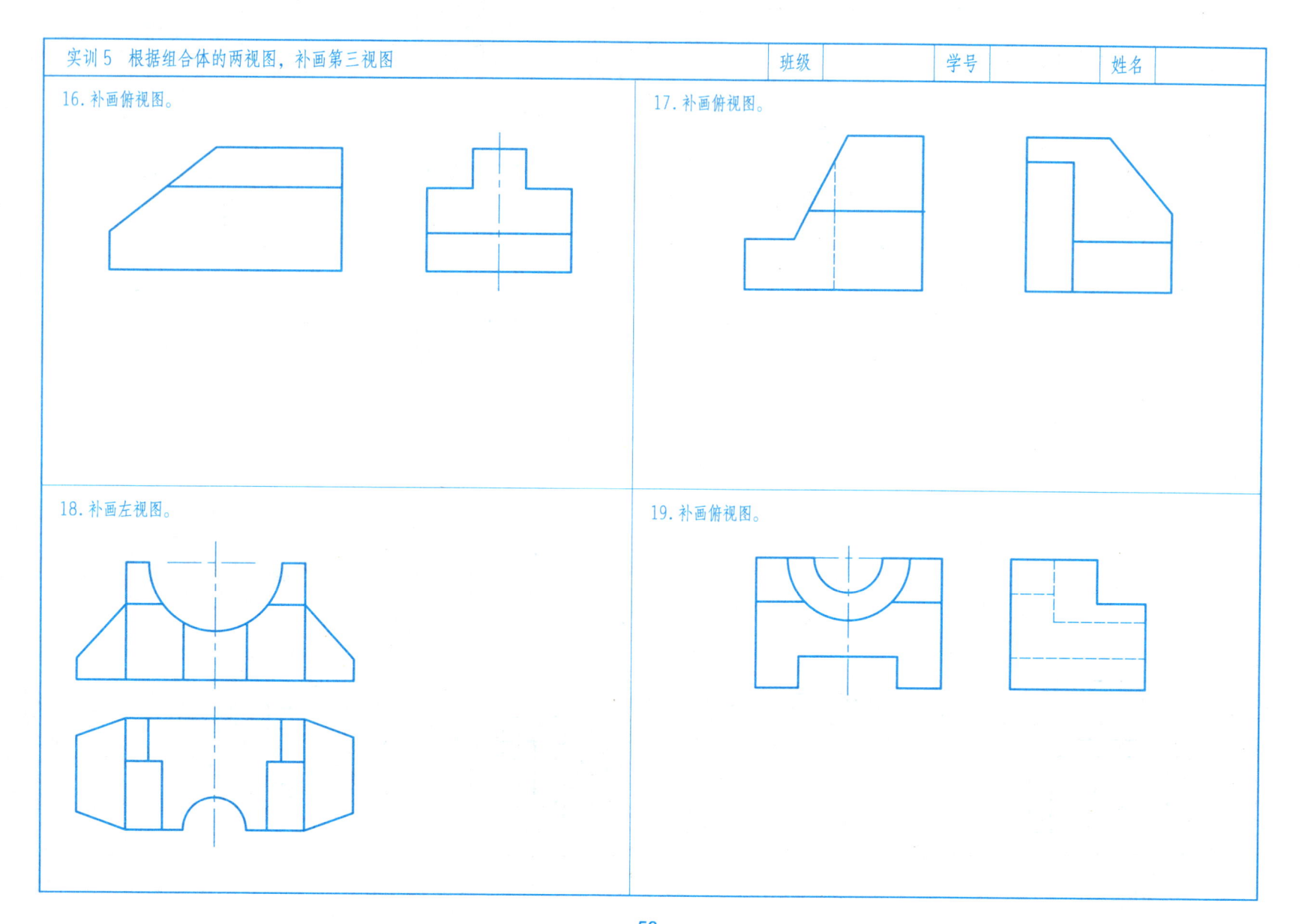

实训 5　根据组合体的两视图，补画第三视图　　班级　　学号　　姓名

16. 补画俯视图。

17. 补画俯视图。

18. 补画左视图。

19. 补画俯视图。

58

实训 5　根据组合体的两视图，补画第三视图　　班级　　　学号　　　姓名

20. 补画俯视图。

21. 补画俯视图。

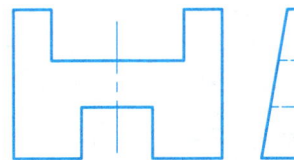

22. 补画俯视图。

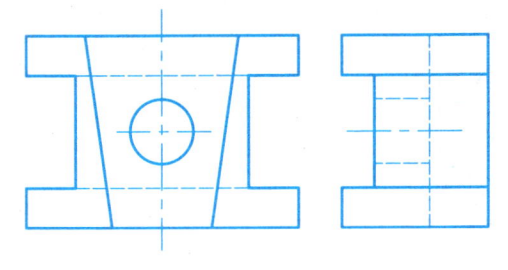

23. 补画左视图。

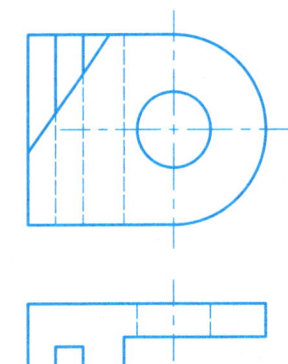

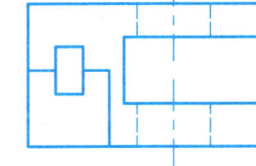

实训 5　根据组合体的两视图，补画第三视图　　班级　　学号　　姓名

24. 补画左视图。

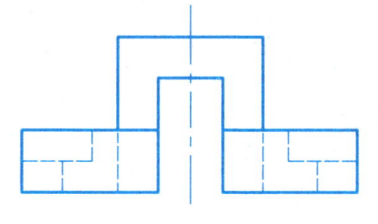

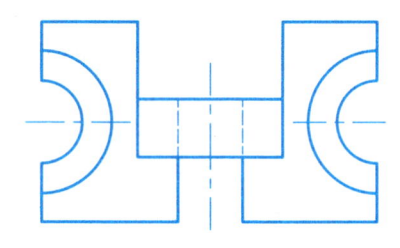

25. 补画左视图。

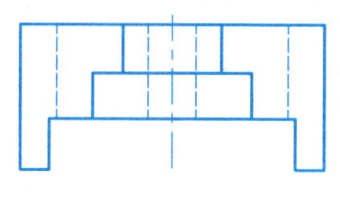

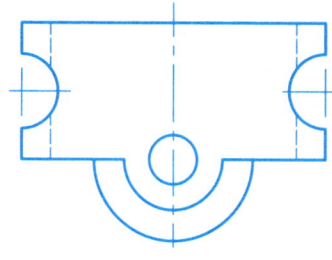

26. 补画左视图。

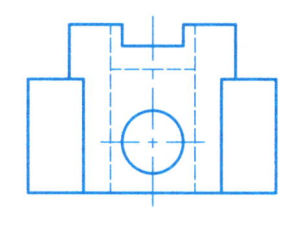

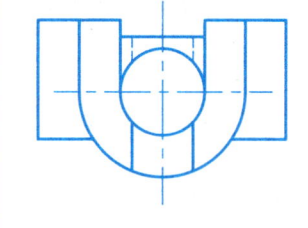

27. 补画左视图。

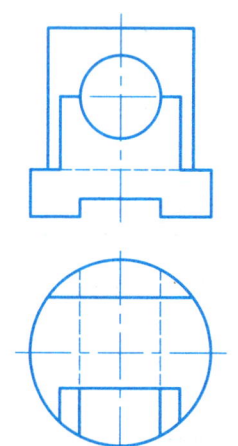

实训 5　根据组合体的两视图，补画第三视图　　班级　　学号　　姓名

28. 补画左视图。

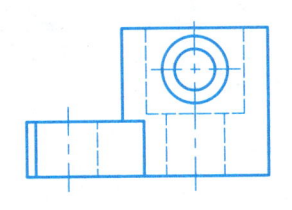

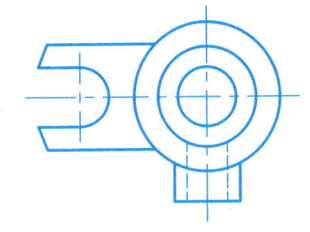

29. 补画左视图。

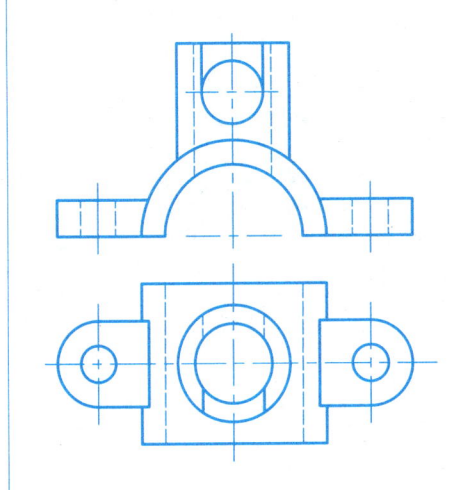

30. 补画主视图。

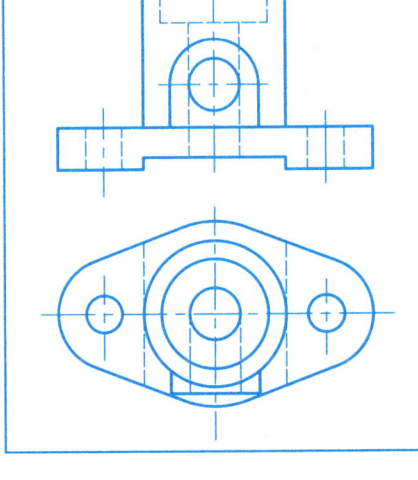

31. 补画左视图。

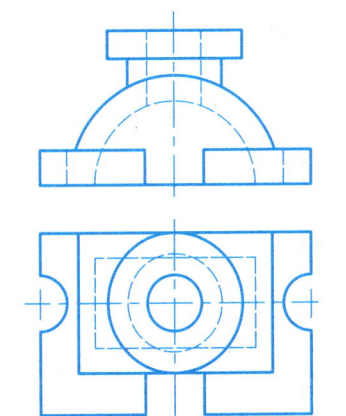

61

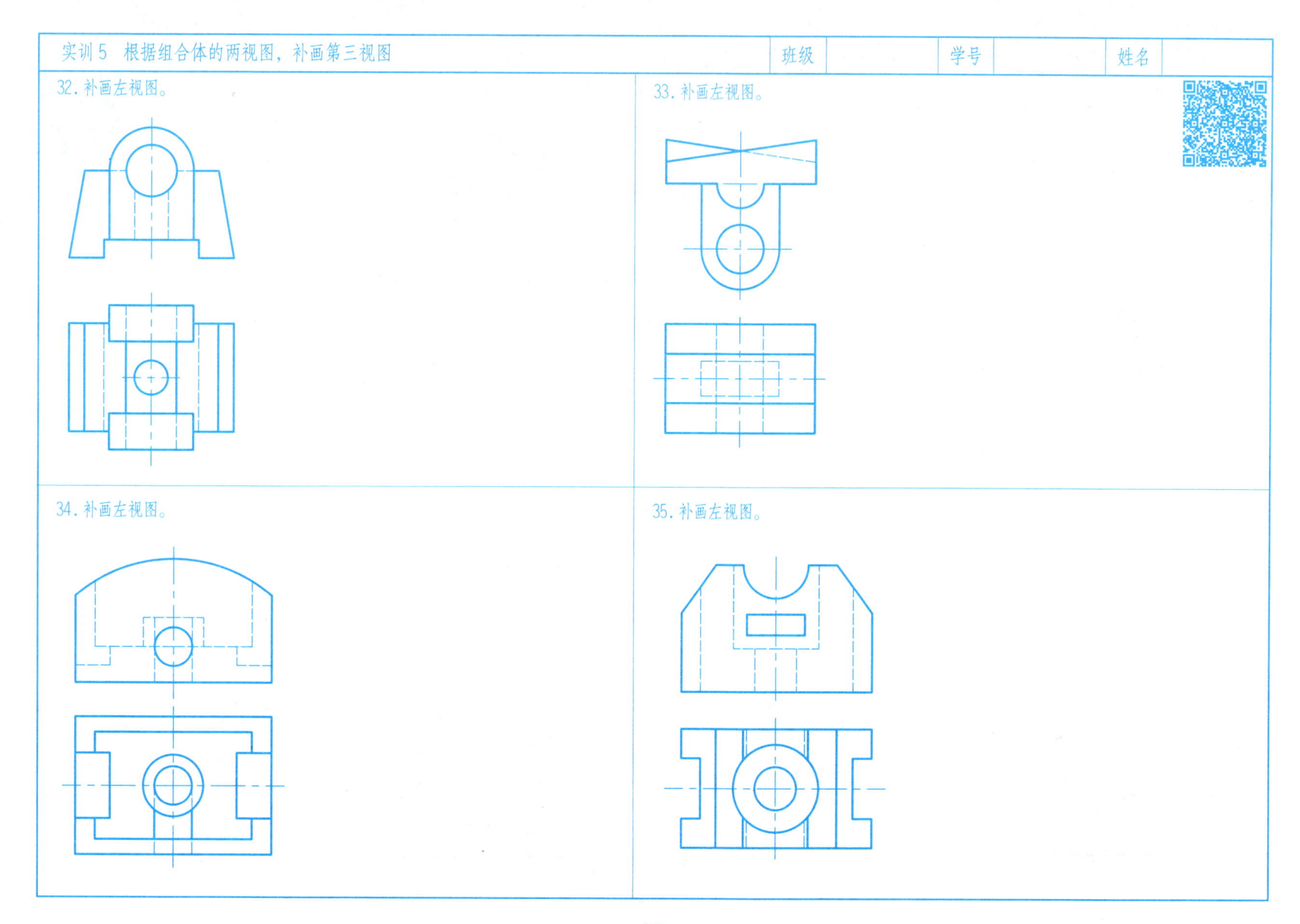

实训 5　根据组合体的两视图，补画第三视图　　班级　　　　学号　　　　姓名

32. 补画左视图。

33. 补画左视图。

34. 补画左视图。

35. 补画左视图。

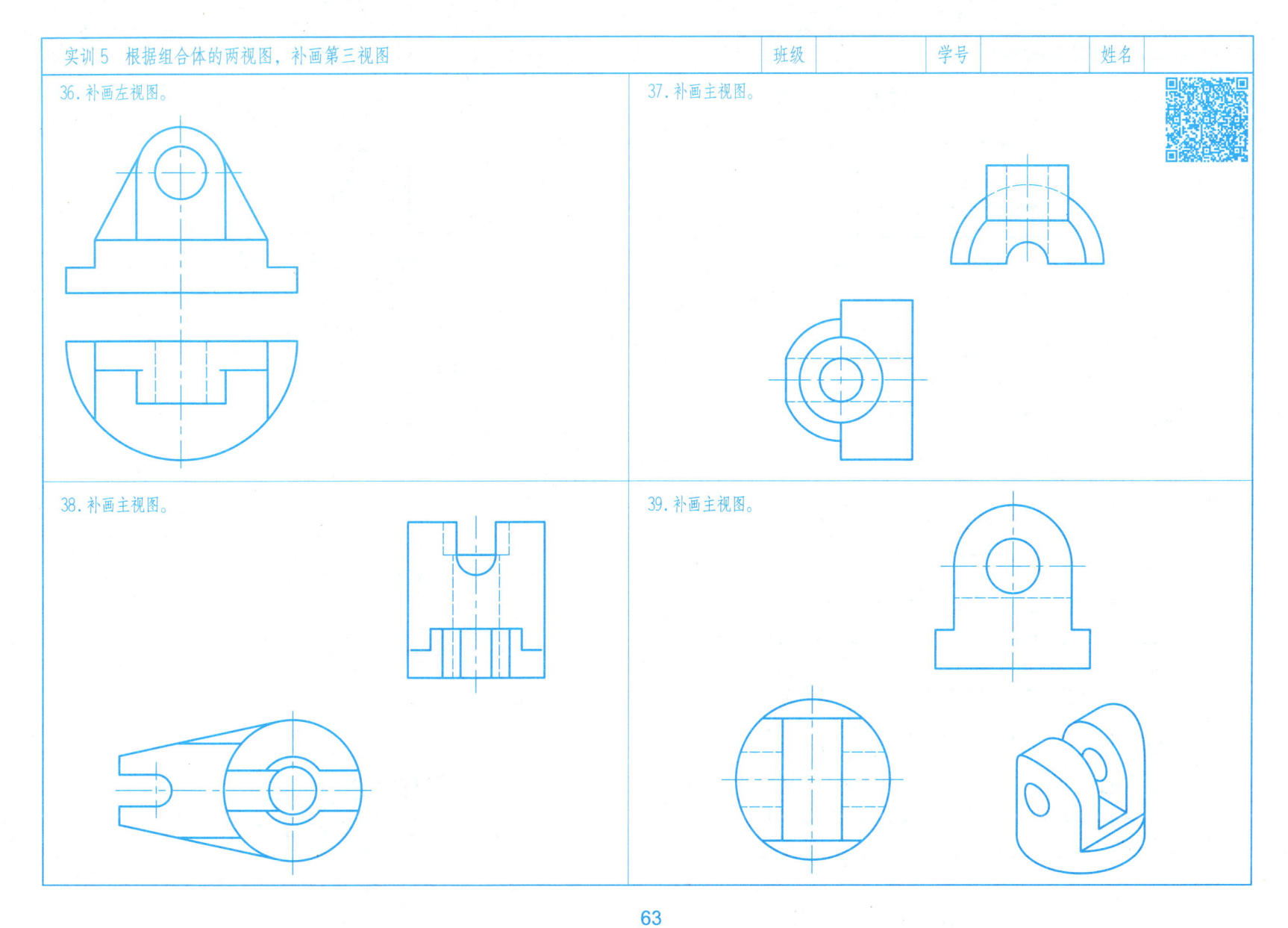

实训5　根据组合体的两视图，补画第三视图

36. 补画左视图。

37. 补画主视图。

38. 补画主视图。

39. 补画主视图。

63

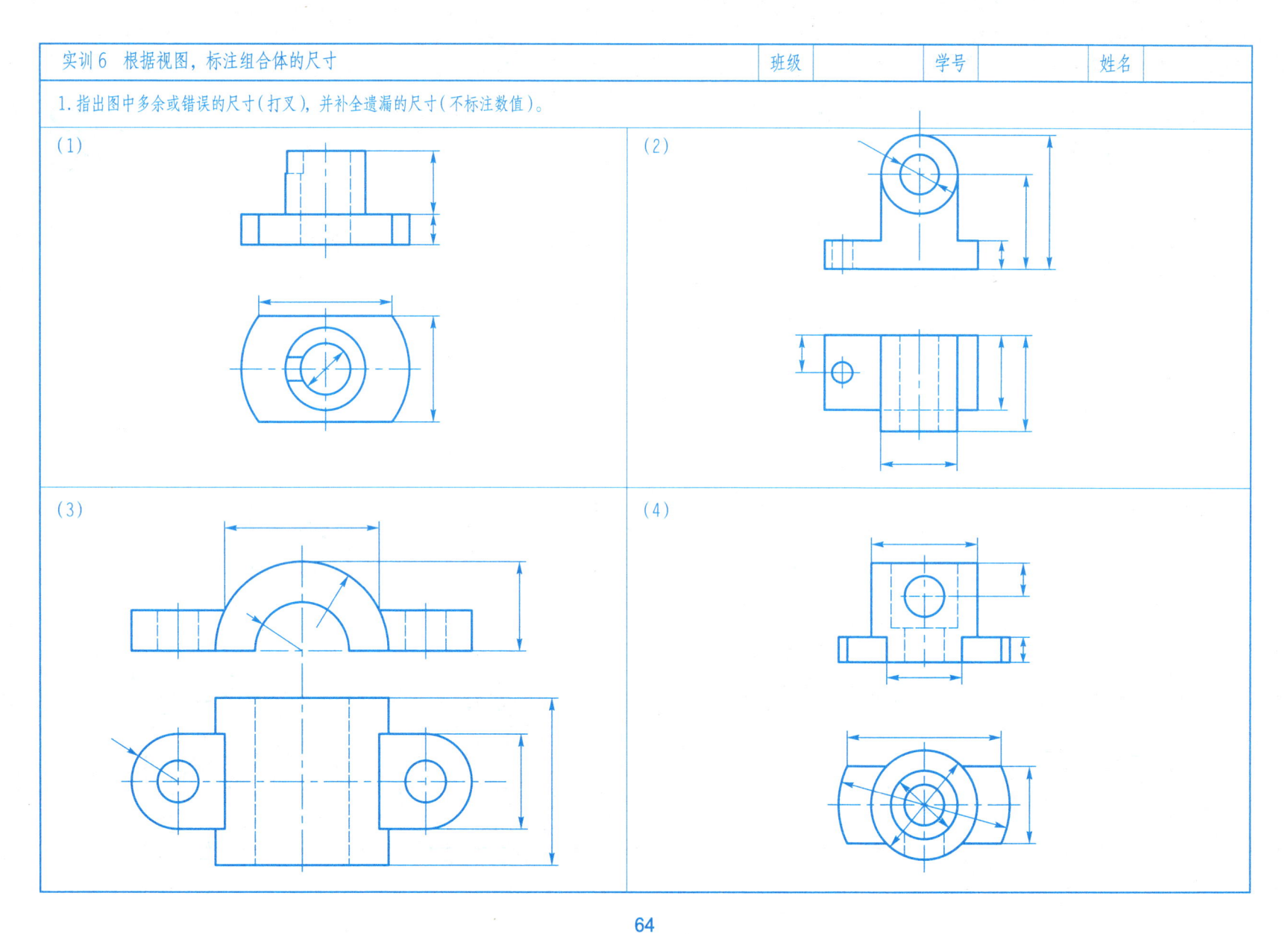

实训6 根据视图，标注组合体的尺寸　　班级　　学号　　姓名

1.指出图中多余或错误的尺寸(打叉)，并补全遗漏的尺寸(不标注数值)。

(1)

(2)

(3)

(4)

64

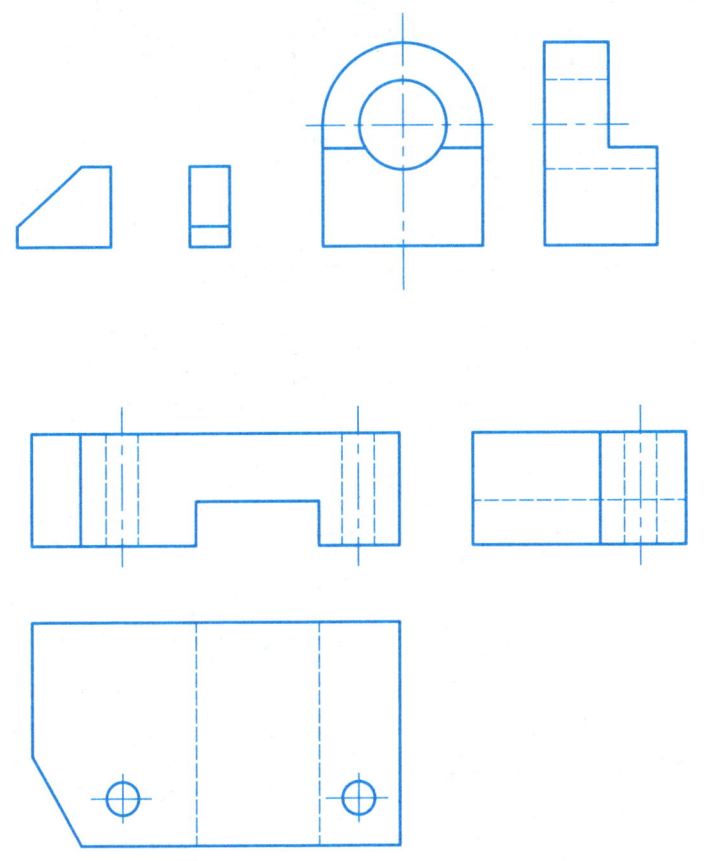

| 实训 6　根据视图，标注组合体的尺寸 | 班级　　　学号　　　姓名 |

2. 读懂视图，标注被分解成三部分的尺寸。

实训6　根据视图，标注组合体的尺寸　　班级　　学号　　姓名

3.标注组合体尺寸，尺寸数值从图中按1:1量取，并取整数。

(1)

(2)

(3)

(4)

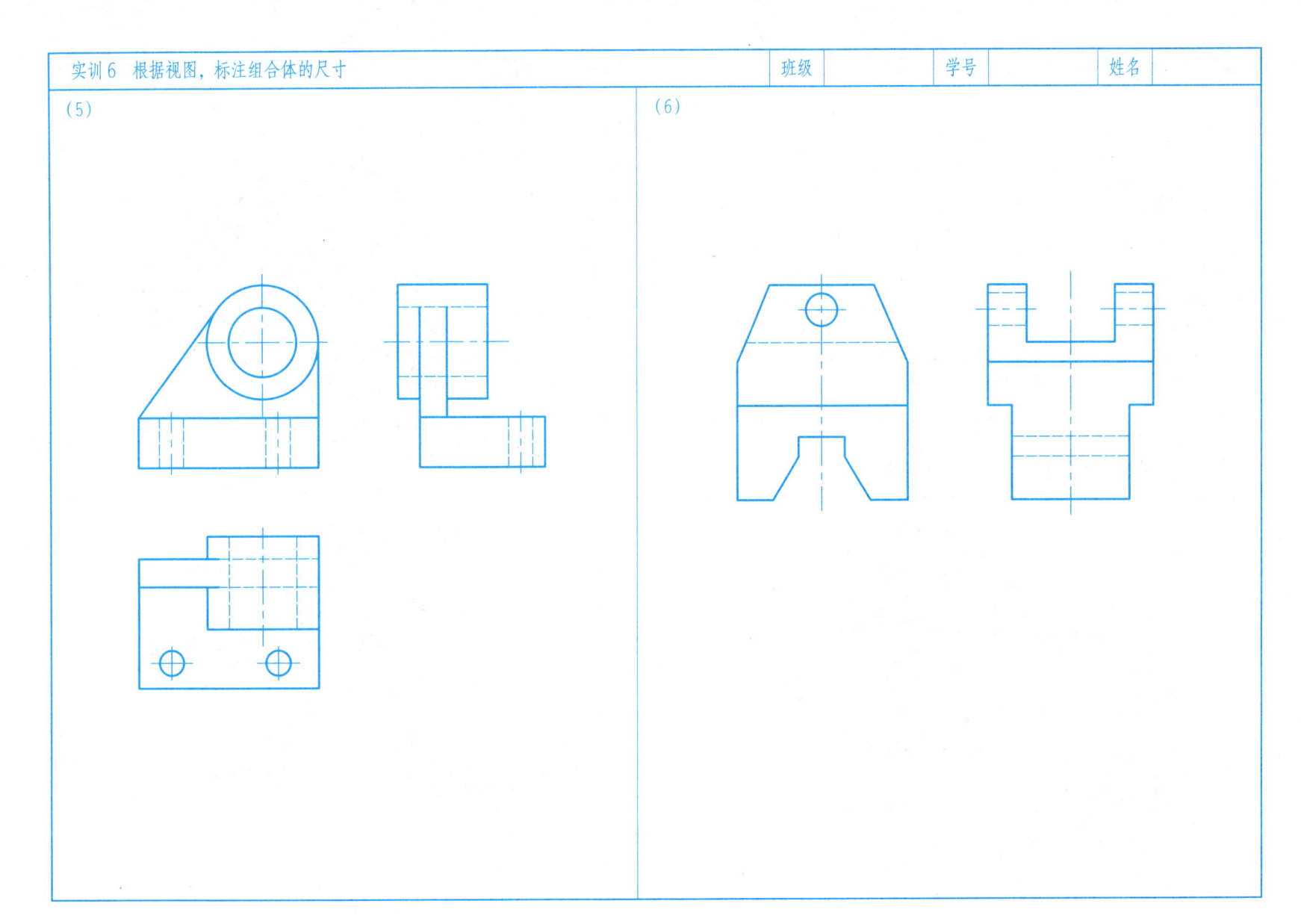

实训6　根据视图，标注组合体的尺寸　　班级　　学号　　姓名

(5)

(6)

67

实训7　根据组合体轴测图，画三视图并标注尺寸　　班级　　学号　　姓名

一、实训目的
1. 进一步理解与巩固"物"与"图"之间的关系。
2. 掌握运用形体分析法、线面分析法绘制组合体三视图的方法。
3. 进一步掌握组合体尺寸标注的方法。

二、内容与要求
根据组合体轴测图，在A3图纸上用适当的比例绘制其三视图并标注尺寸。

三、图名
组合体的三视图。

四、注意事项
1. 正确选择主、俯、左视图，完整、清晰地表达组合体的内、外形状。
2. 视图布置合理，注意视图之间预留标注尺寸的位置。
3. 标注尺寸要做到正确、完整、清晰；标注尺寸时应注意不要照搬轴测图上的尺寸标注方位，应重新考虑视图上尺寸的配置位置。
4. 图线画法及线宽、字体书写要规范，符合国家标准要求。

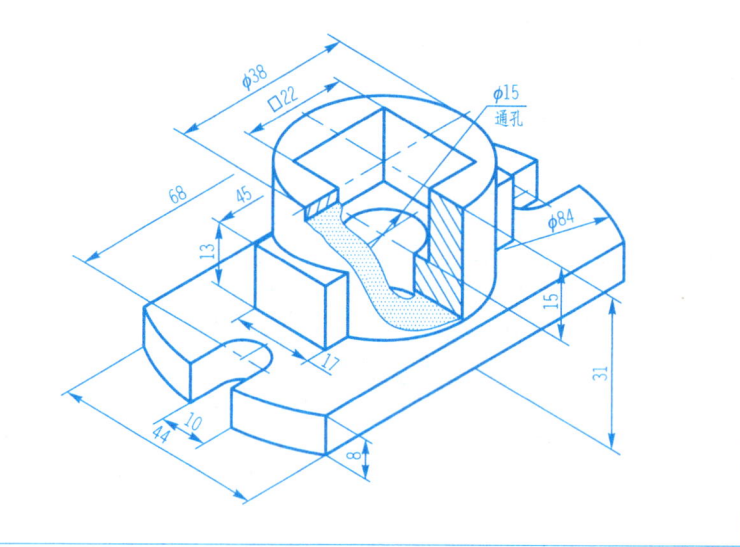

(1)

(2)

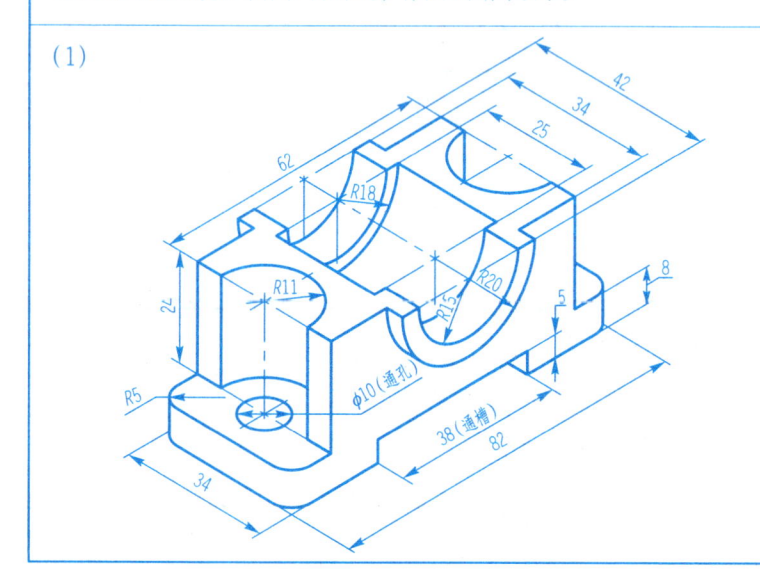

(3)

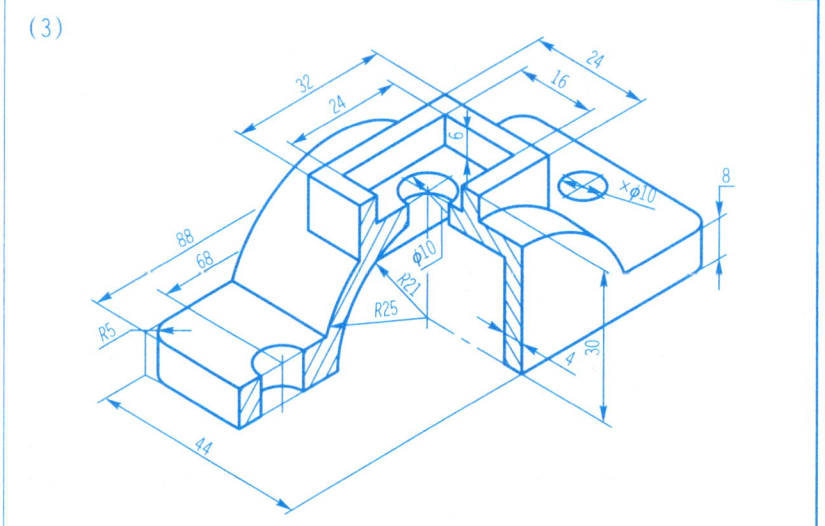

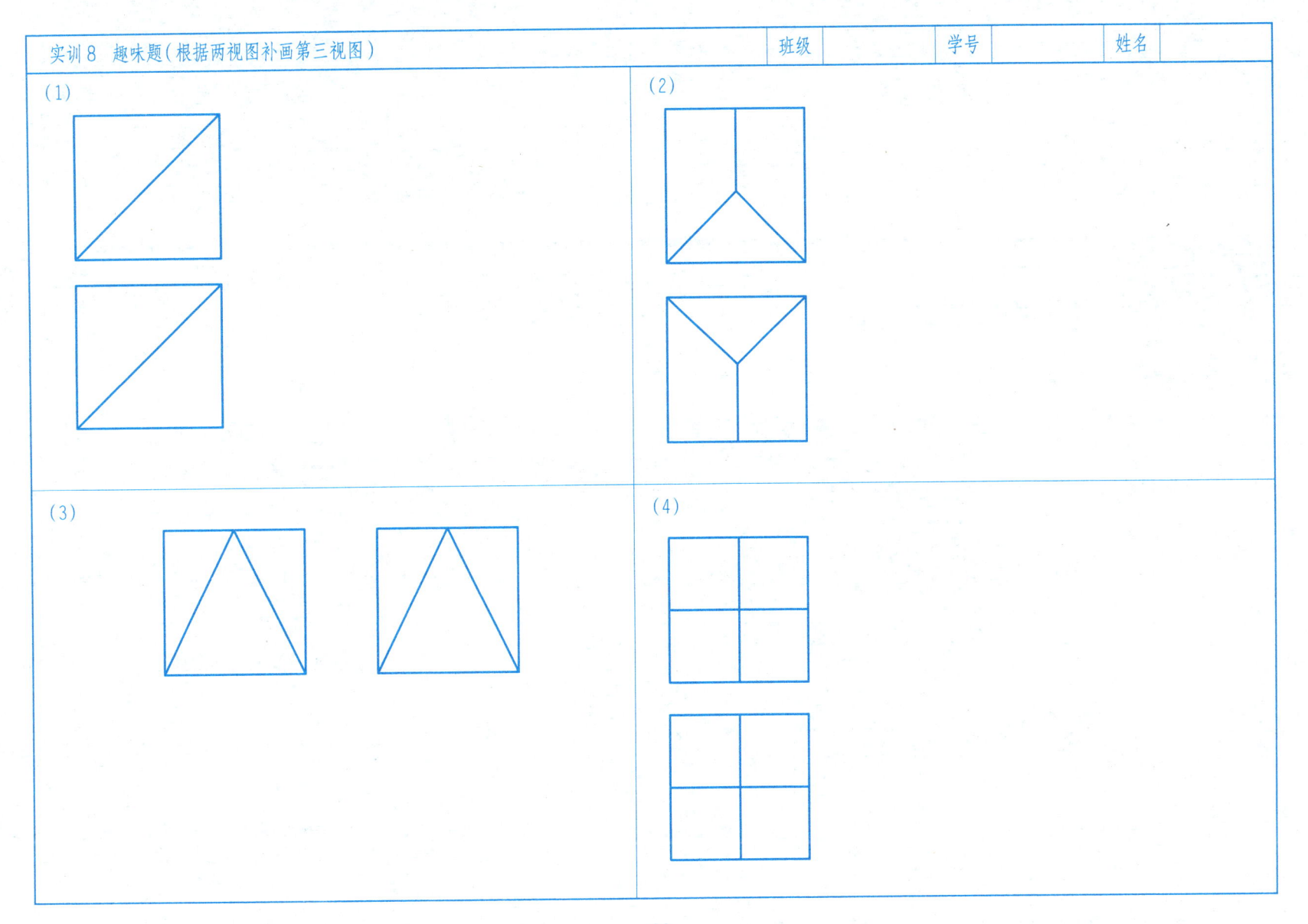

实训8 趣味题（根据两视图补画第三视图）　　班级　　学号　　姓名

(1)

(2)

(3)

(4)

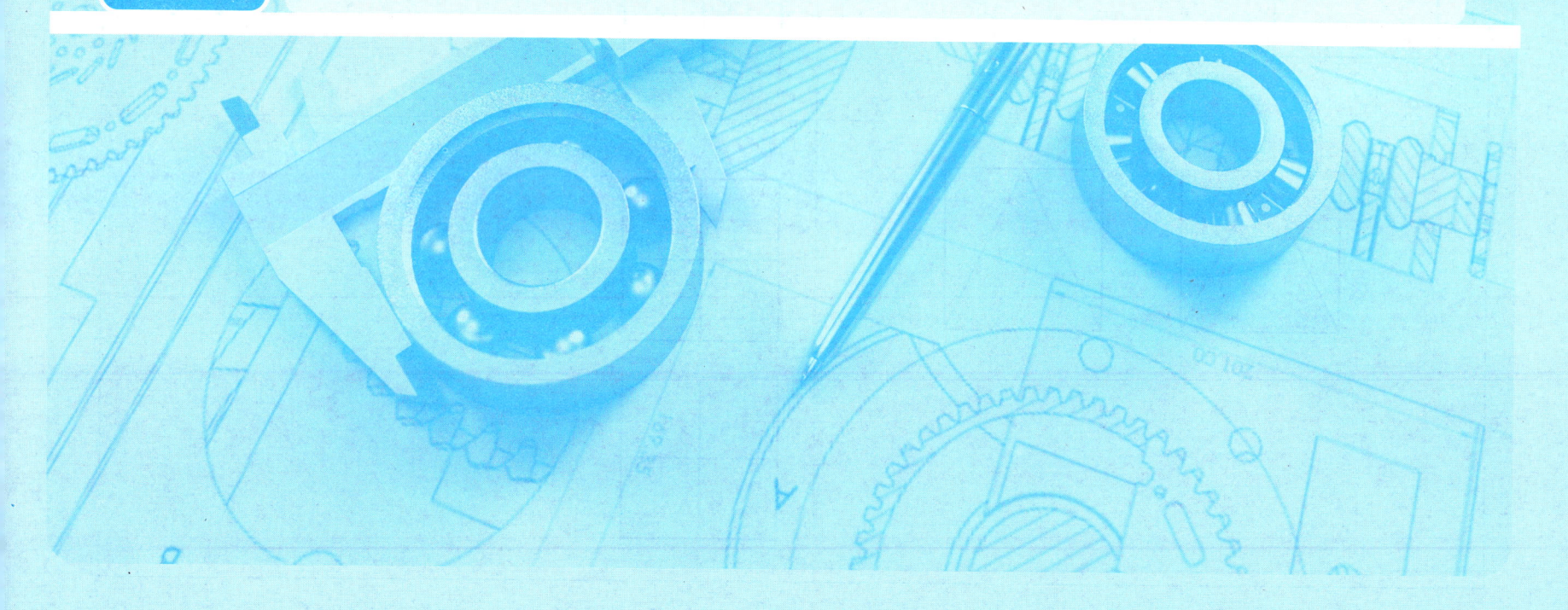

项目六 06 机件表达方法

实训 1　根据要求绘制指定机件的视图

1. 根据三视图，补全六面视图。

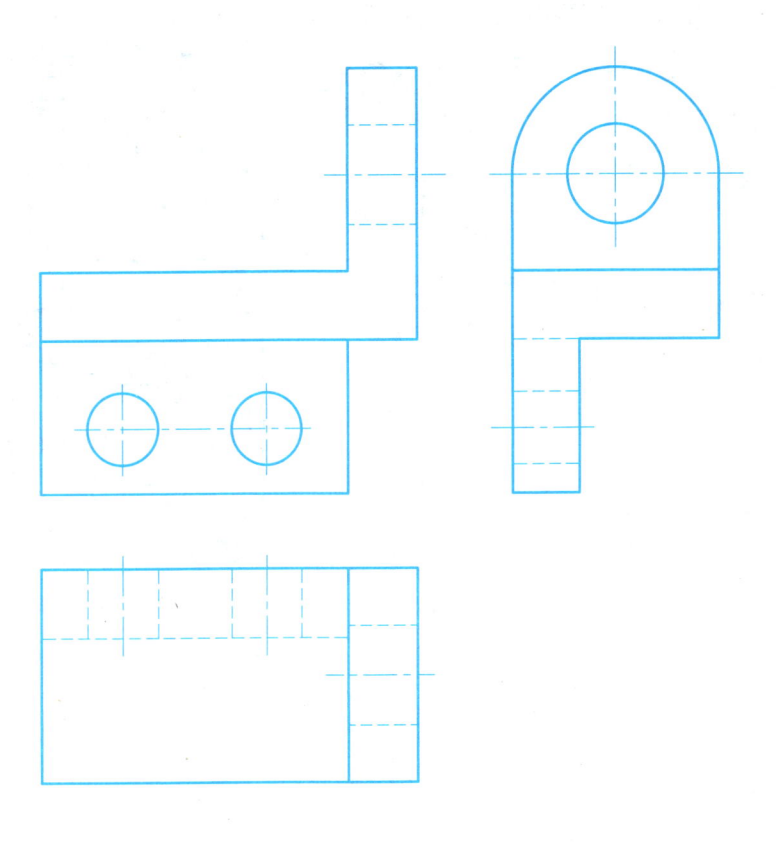

实训1　根据要求绘制指定机件的视图　　班级　　学号　　姓名

2. 根据三视图，在适当的位置画出A、B、C三个向视图。

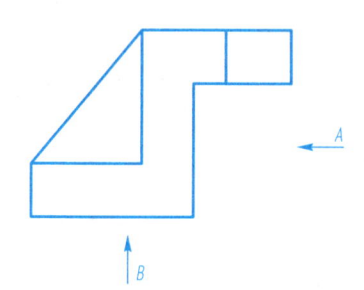

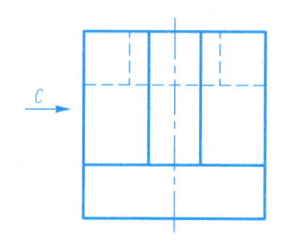

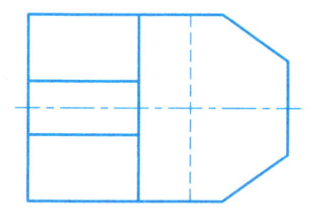

3. 根据主、俯视图，画出A向及B向局部视图。

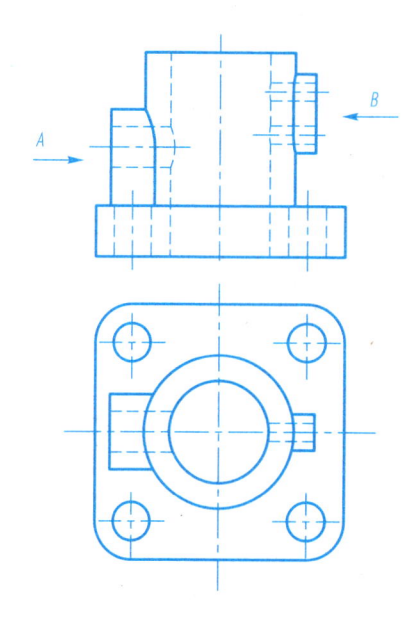

72

| 实训 1　根据要求绘制指定机件的视图 | 班级　　　　　学号　　　　　姓名 |

4. 根据主、俯视图，画出斜视图。

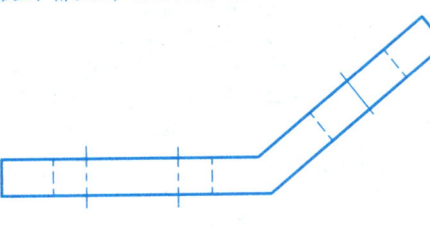

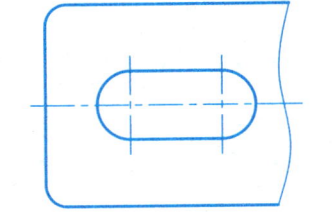

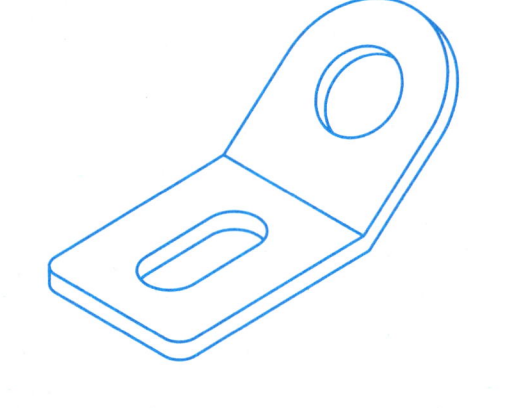

5. 根据主视图和轴测图，画出A向斜视图及B、C向局部视图。

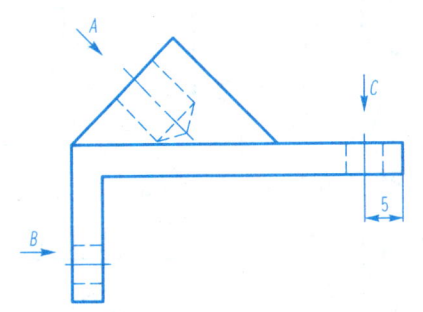

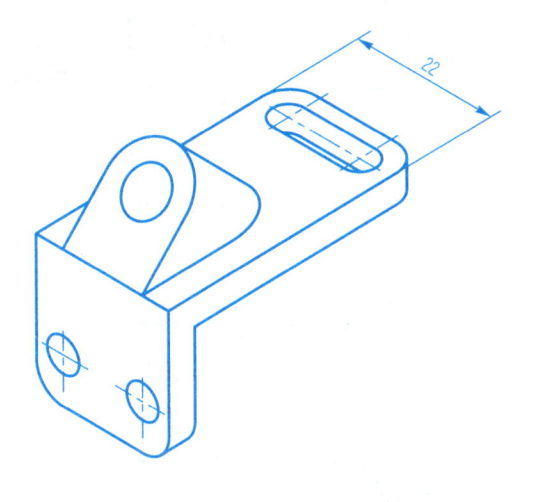

73

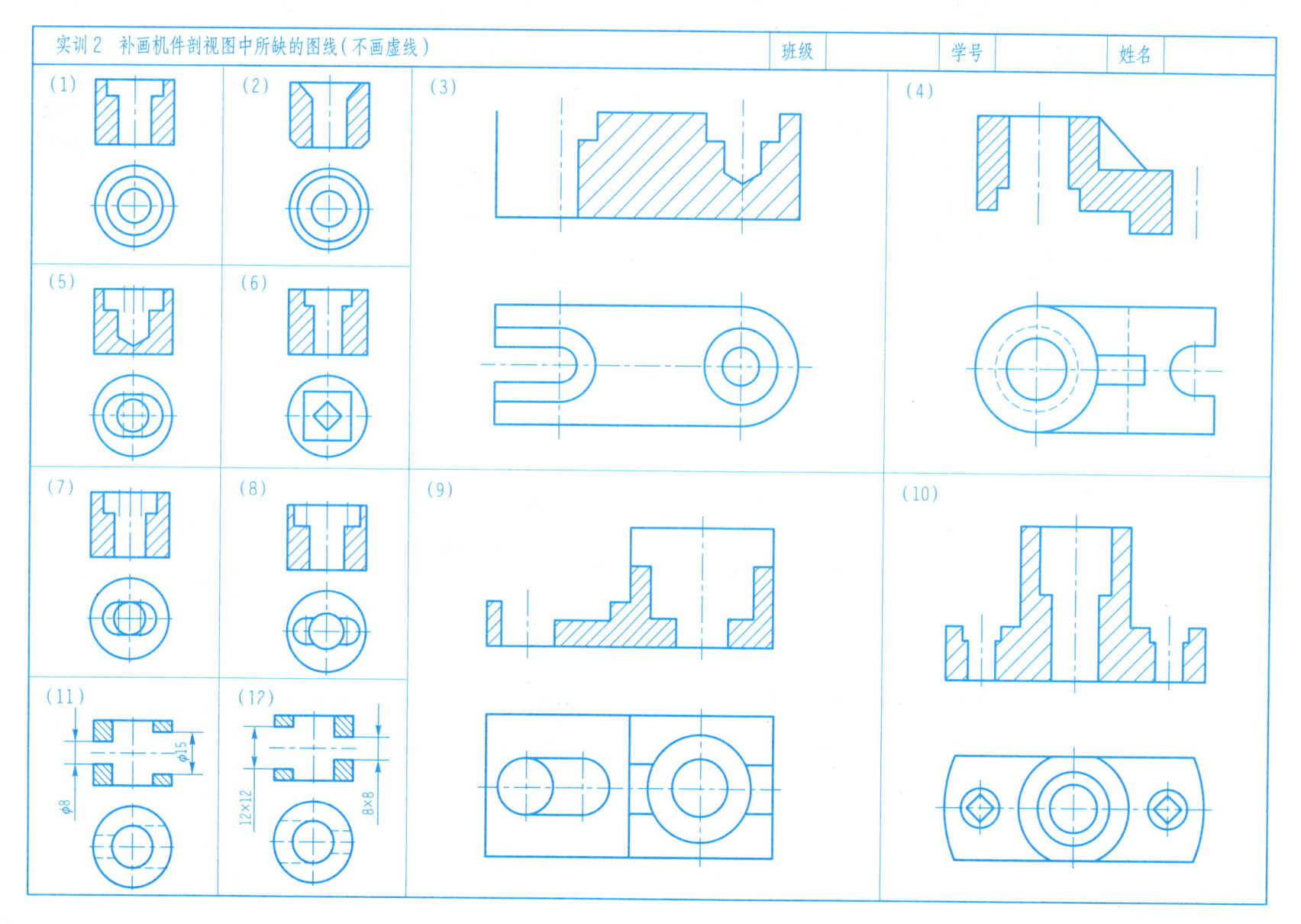

实训 2　补画机件剖视图中所缺的图线（不画虚线）

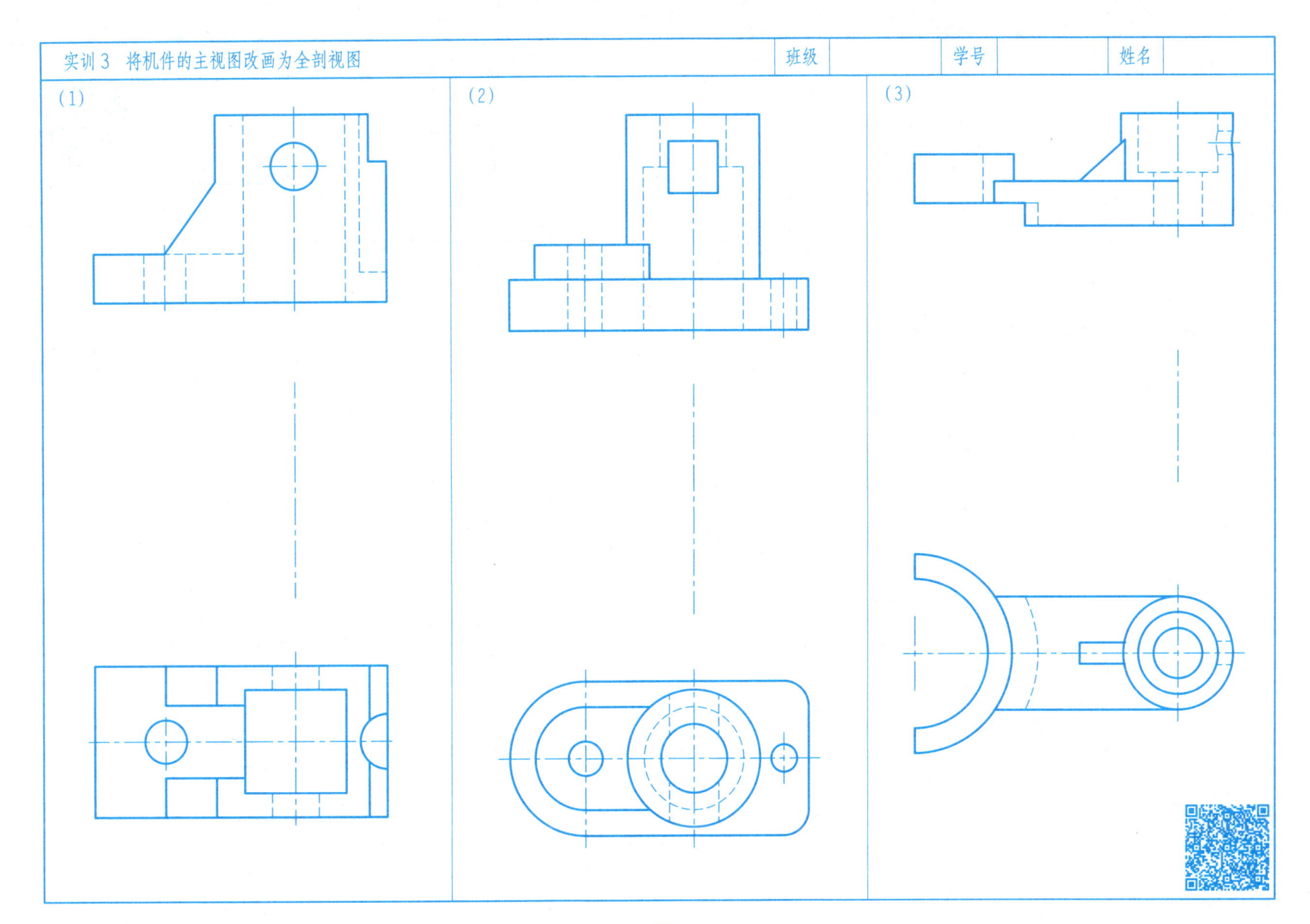

实训 3　将机件的主视图改画为全剖视图

(1)

(2)

(3)

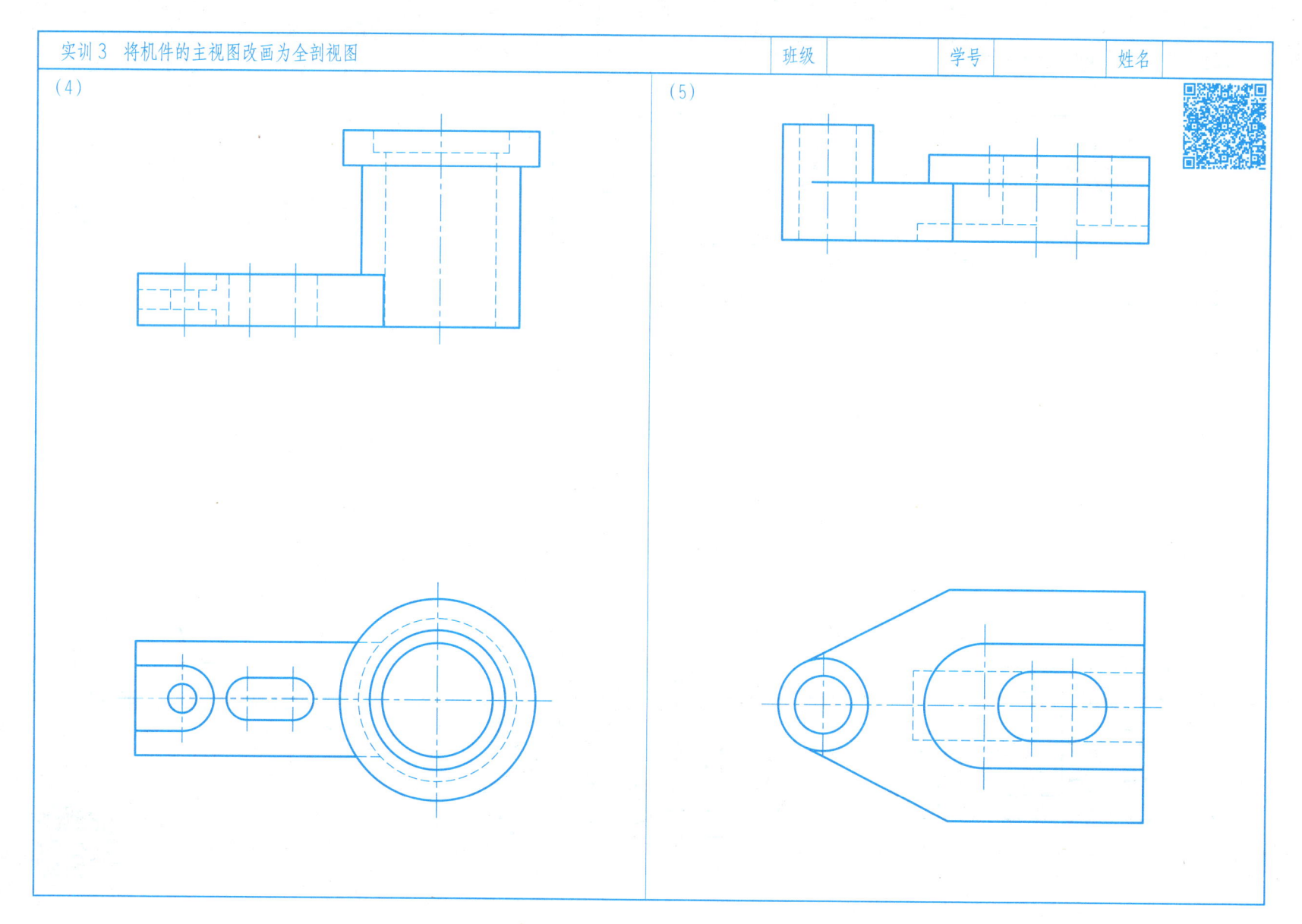

| 实训3　将机件的主视图改画为全剖视图 | 班级　　　学号　　　姓名 |

(4)

(5)

76

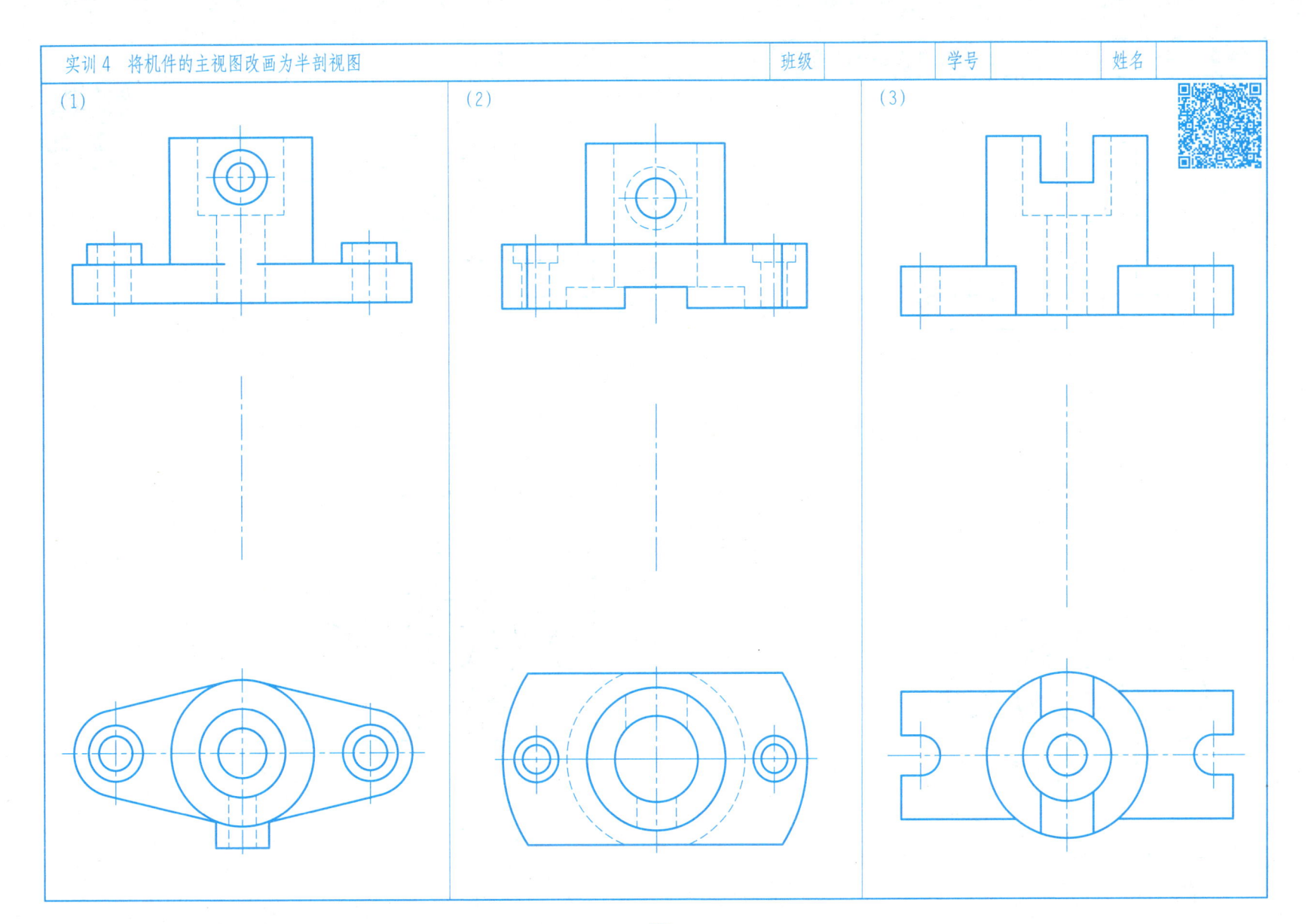

| 实训 4　将机件的主视图改画为半剖视图 | 班级　　　学号　　　姓名 |

(1)

(2)

(3)

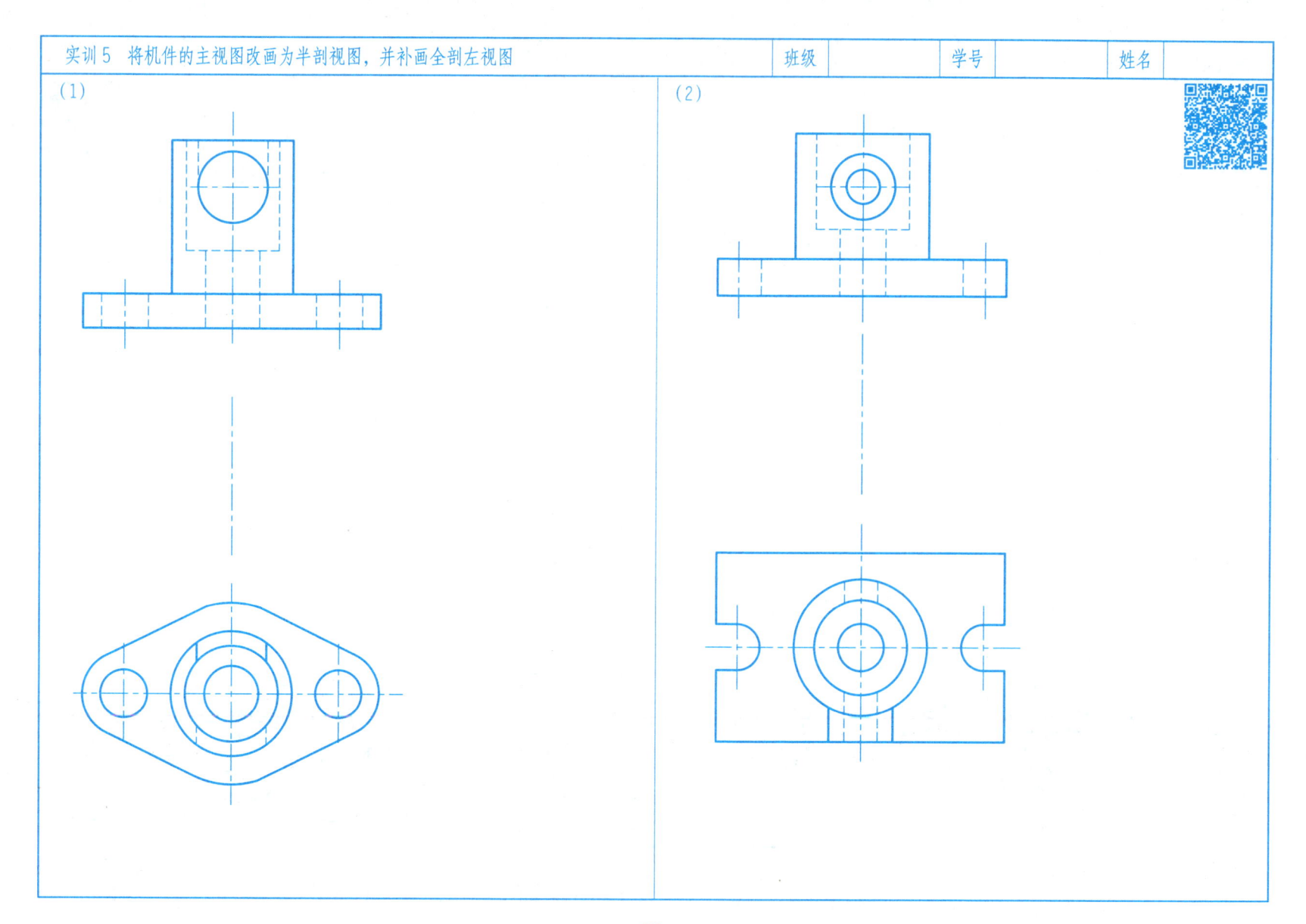

实训5　将机件的主视图改画为半剖视图，并补画全剖左视图

(1)

(2)

78

| 实训 6　按指定要求绘制机件的剖视图 | 班级　　　　学号　　　　姓名 |

1. 根据视图，将机件的适当部位画成局部剖视图。

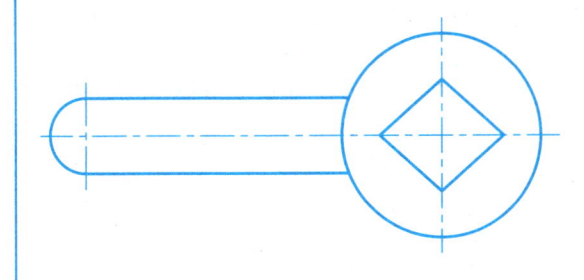

2. 将机件的适当部位画成局部剖视图（不要的图线打"×"）。

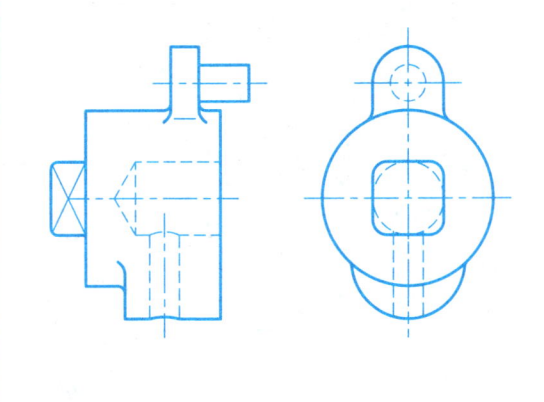

3. 在主、俯视图中取局部剖视（保留线加深，多余线打"×"）。

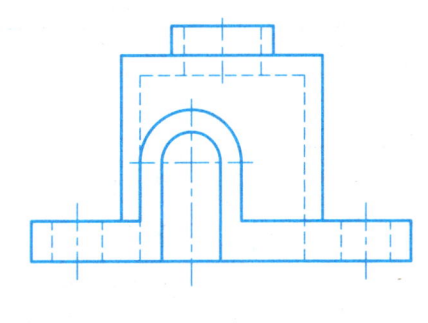

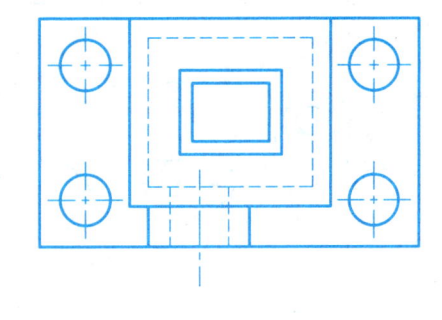

4. 根据视图，将机件的适当部位画成局部剖视图。

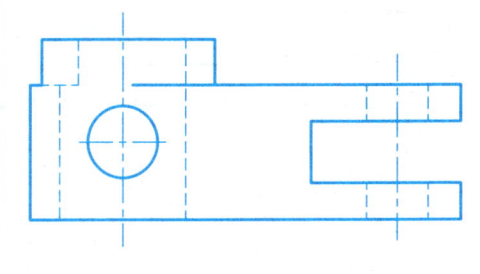

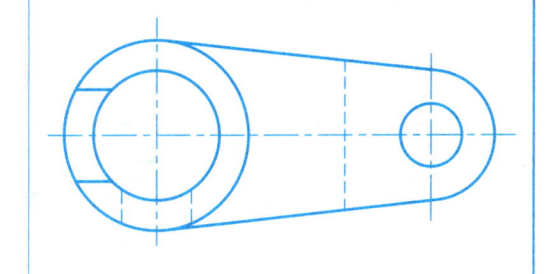

| 实训6　按指定要求绘制机件的剖视图 | | 班级 | | 学号 | | 姓名 | |

5. 根据视图，在指定位置将机件用几个平行的剖切平面进行全剖切，画出剖切后的主视图（阶梯剖视图）。

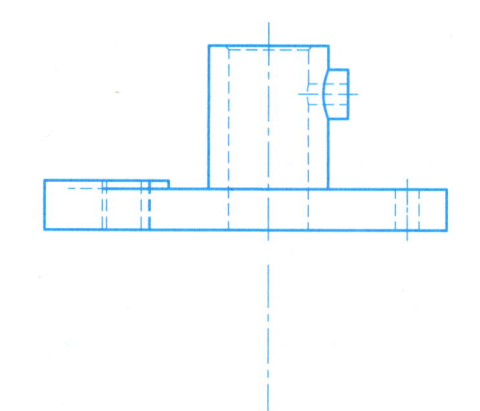

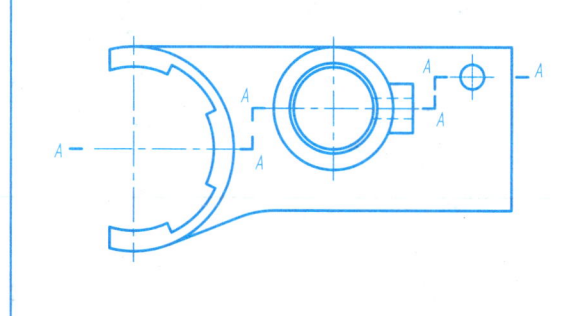

6. 根据视图，在指定位置将机件用几个平行的剖切平面进行全剖切，画出剖切后的主视图（阶梯剖视图）。

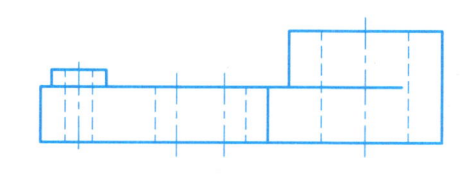

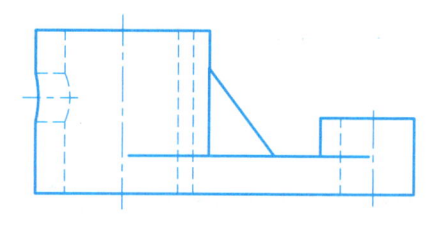

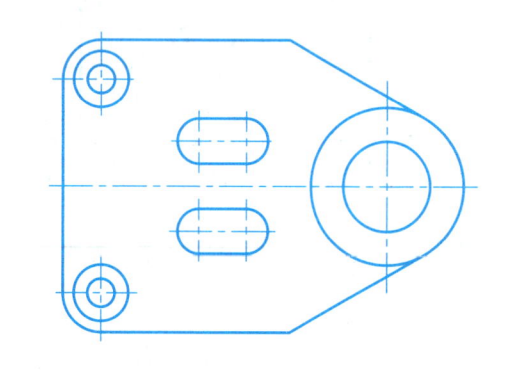

7. 根据视图，在指定位置将机件用两个平行的剖切平面进行全剖切，画出剖切后的主视图（阶梯剖视图）。

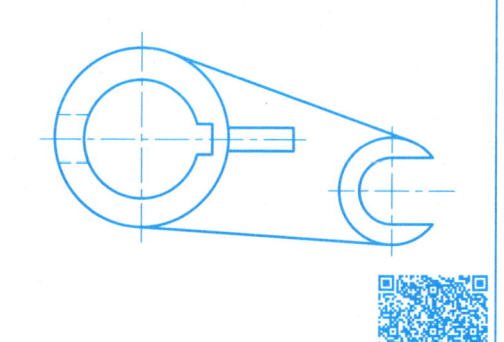

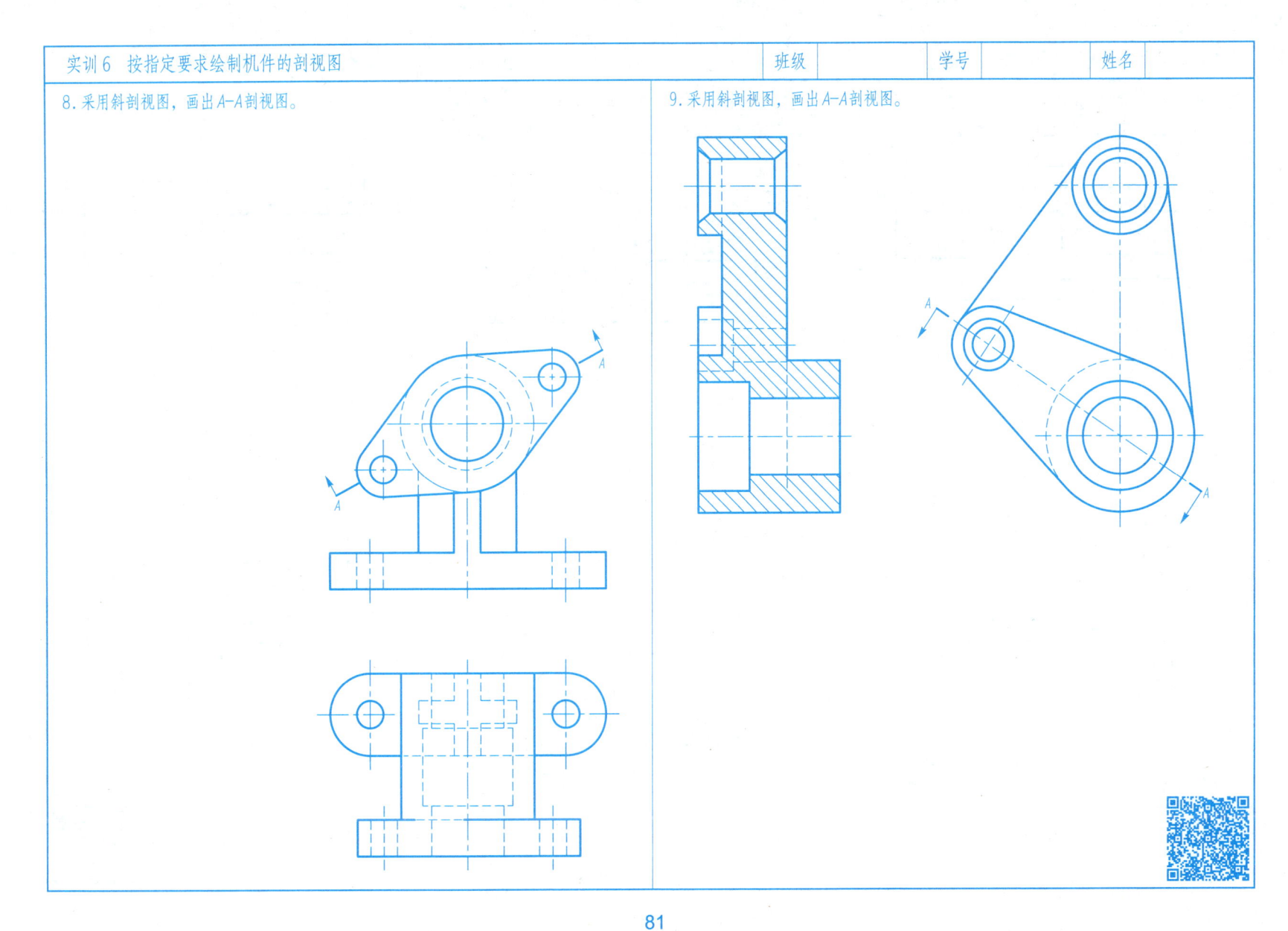

| 实训 6　按指定要求绘制机件的剖视图 | 班级 | 学号 | 姓名 |

8.采用斜剖视图，画出A—A剖视图。

9.采用斜剖视图，画出A—A剖视图。

实训6　按指定要求绘制机件的剖视图　　班级　　学号　　姓名

10. 根据视图，在指定位置将机件用两个相交的剖切平面进行全剖切，画出剖切后的主视图（旋转剖视图）。

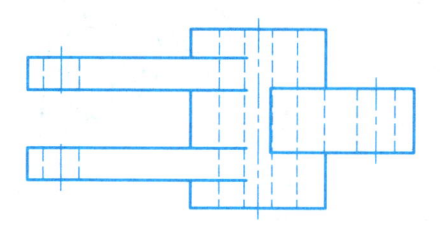

11. 根据视图，在指定位置将机件用两个相交的剖切平面进行全剖切，画出剖切后的主视图（旋转剖视图）。

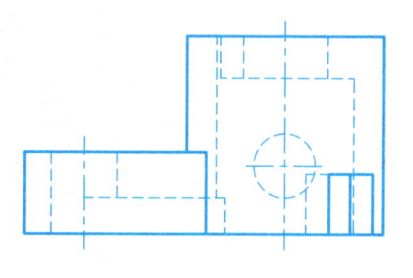

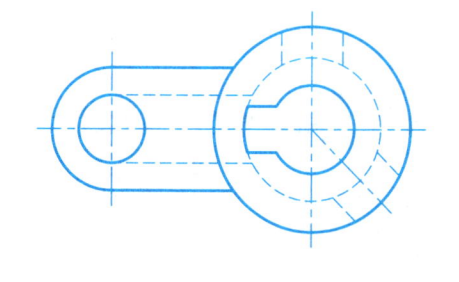

12. 读懂视图，在指定位置画出 A—A 剖视图。

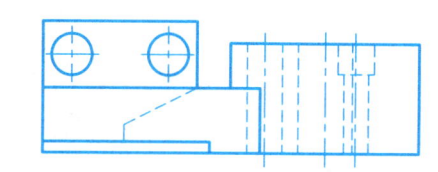

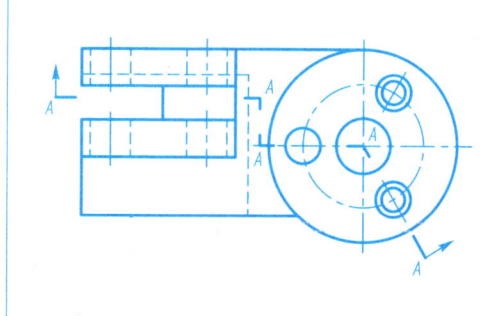

82

实训7　按指定要求完成机件的表达　　班级　　学号　　姓名

1. 按规定画法，在指定位置画出轴的断面图（键槽深3mm）。

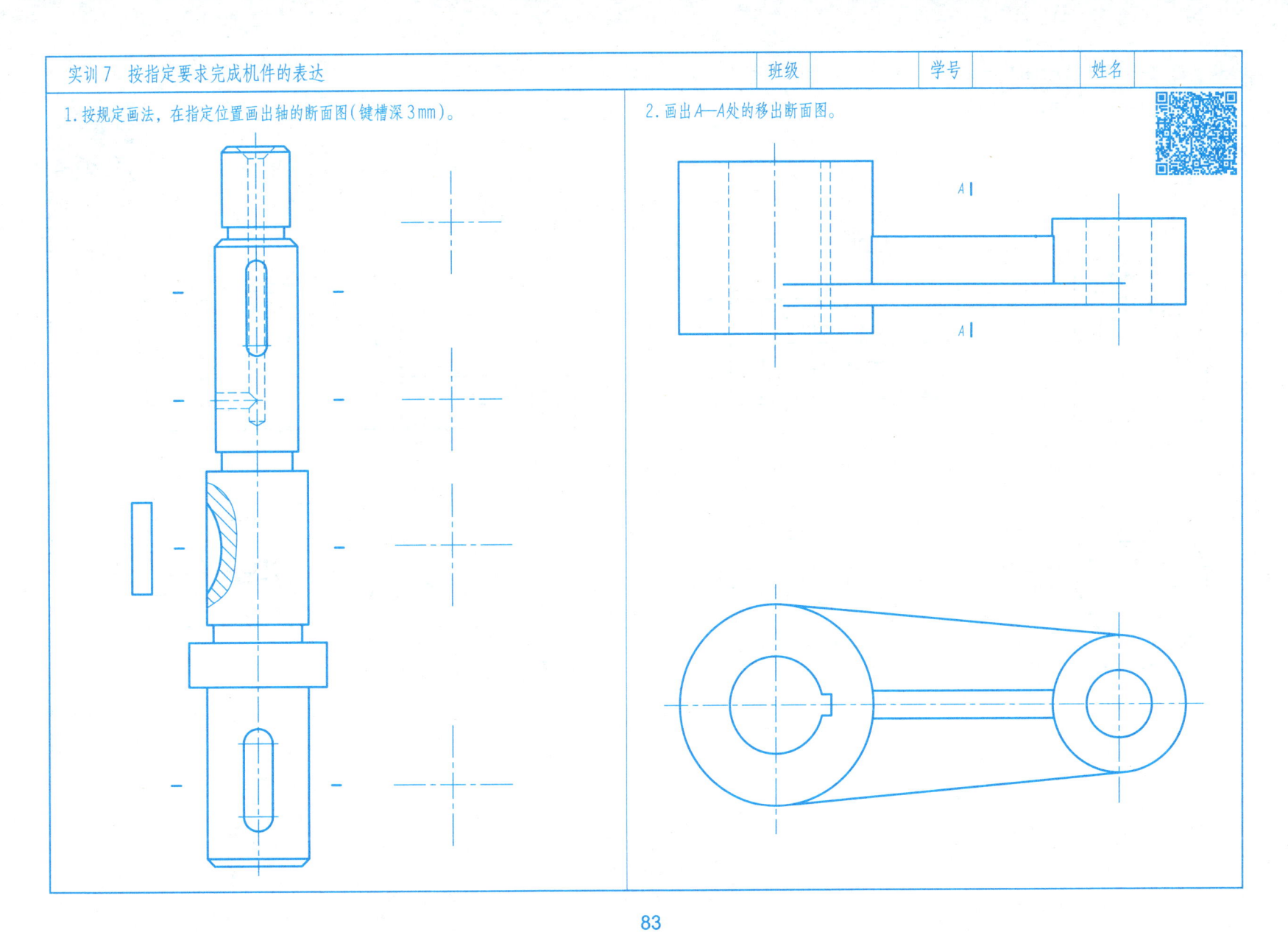

2. 画出A—A处的移出断面图。

83

| 实训7　按指定要求完成机件的表达 | 班级　　　学号　　　姓名 |

3.在视图中断处画出机件的移出断面图。

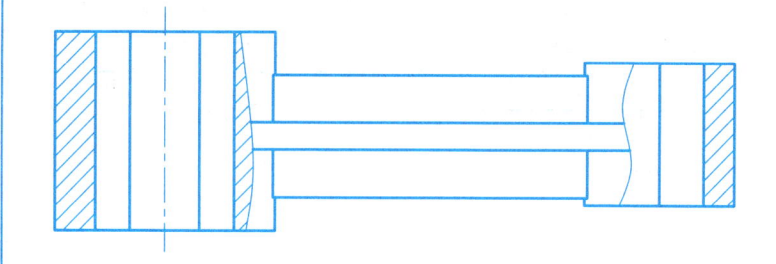

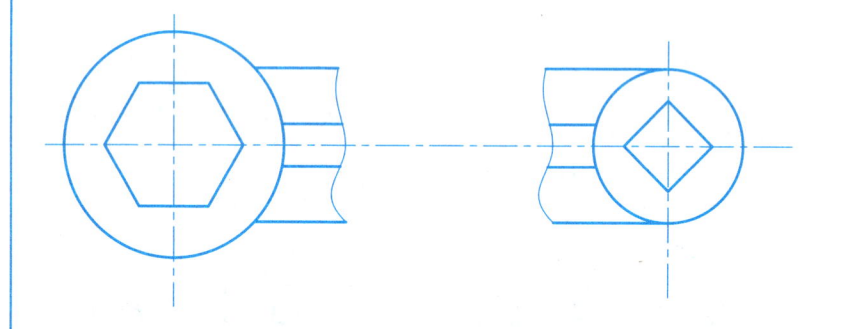

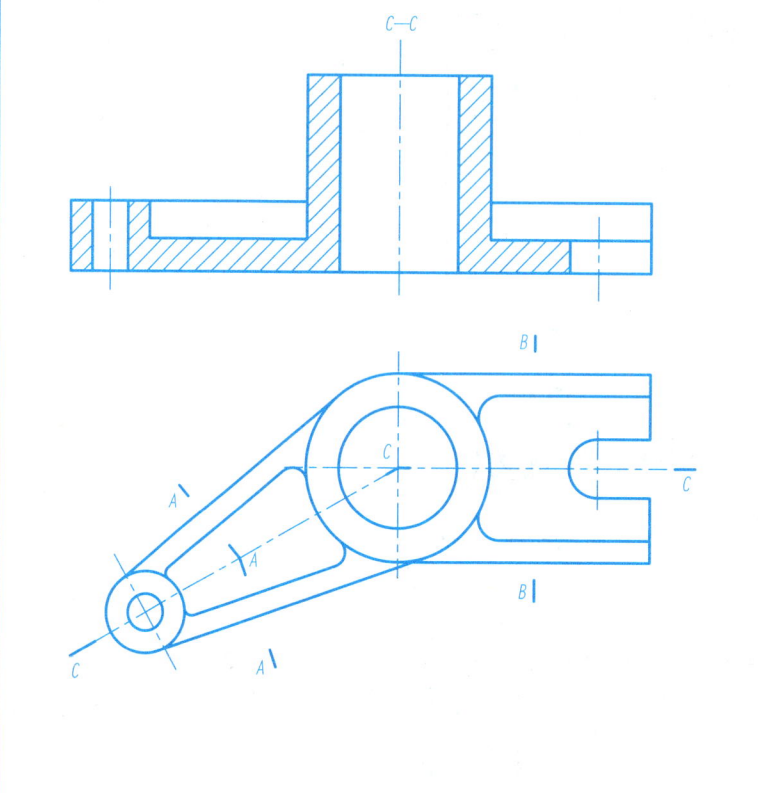

4.画出机件的A—A和B—B移出断面图。

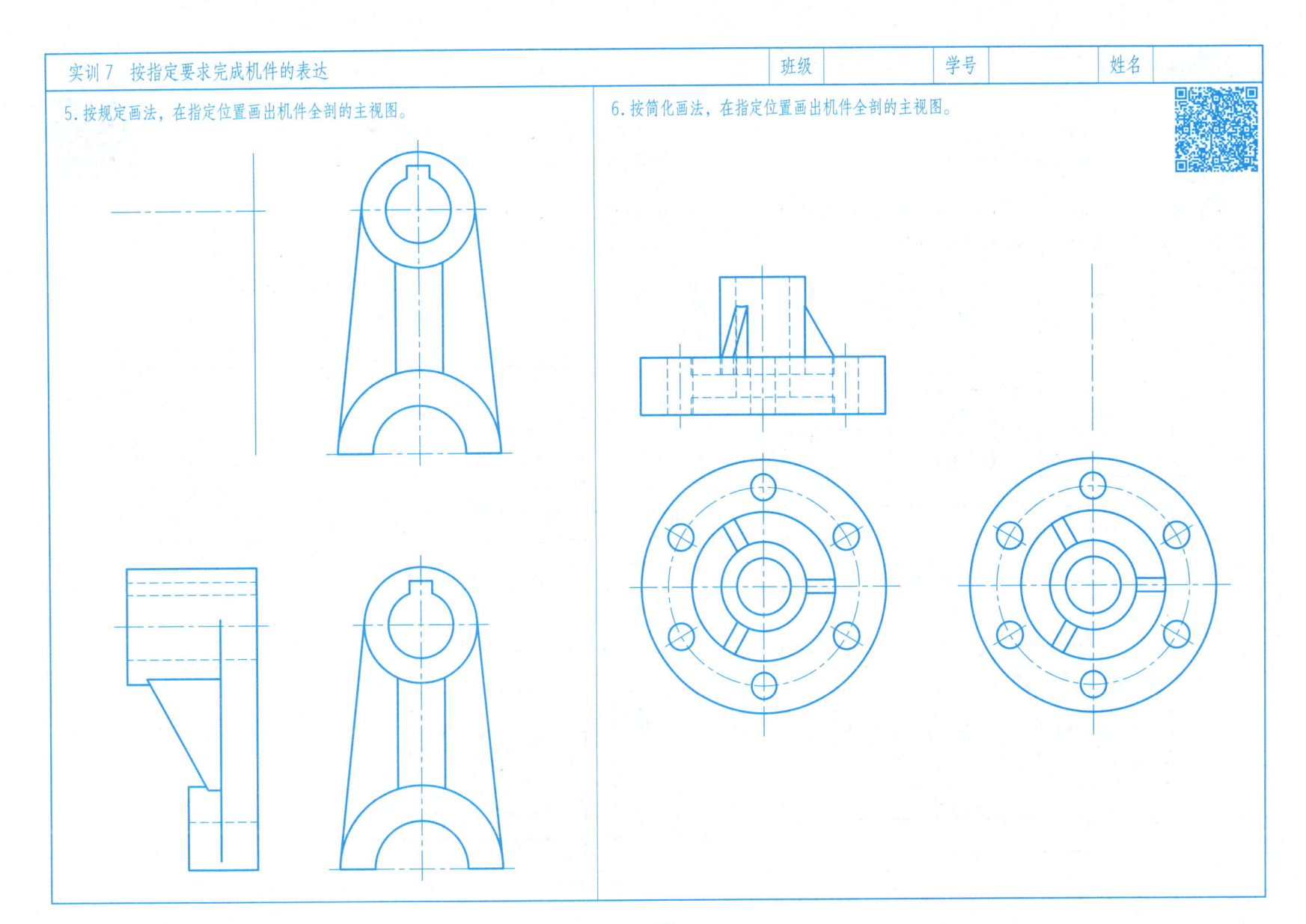

实训7　按指定要求完成机件的表达　　班级　　学号　　姓名

5. 按规定画法，在指定位置画出机件全剖的主视图。

6. 按简化画法，在指定位置画出机件全剖的主视图。

85

| 实训 8　机件的表达 | 班级 | 学号 | 姓名 |

一、实训目的
1. 训练选择机件表达方法的基本能力。
2. 进一步理解剖视的概念，掌握剖视图的画法。

二、内容与要求
1. 根据视图选择合适的表达方法，将机件的结构完整、简洁地表达清楚。
2. 标注尺寸，不要完全照抄已给视图的尺寸标注方位。
3. 用A3图纸，比例自定。

三、注意事项
1. 对所给视图作形体分析，在此基础上选择恰当的表达方案。
2. 根据选定的图幅和比例，合理布置视图的位置。
3. 注意各部分投影关系的正确表达。
4. 仔细校核后按规定加粗图线。
5. 剖面线、尺寸线一次画成。

(1)

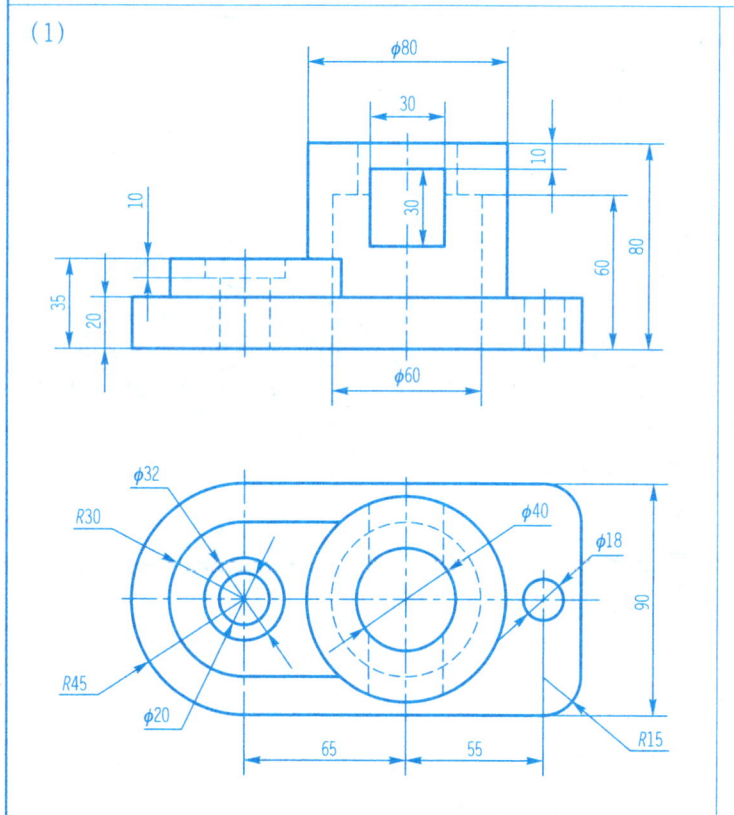

(2)

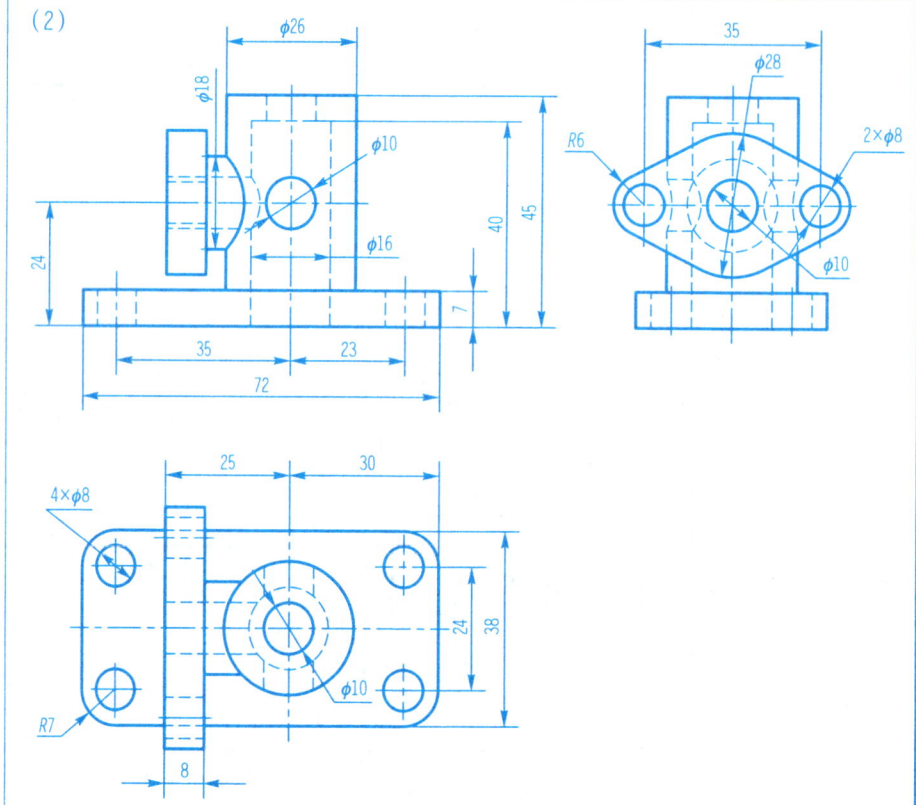

实训 8　机件的表达　　　班级　　　学号　　　姓名

(3)

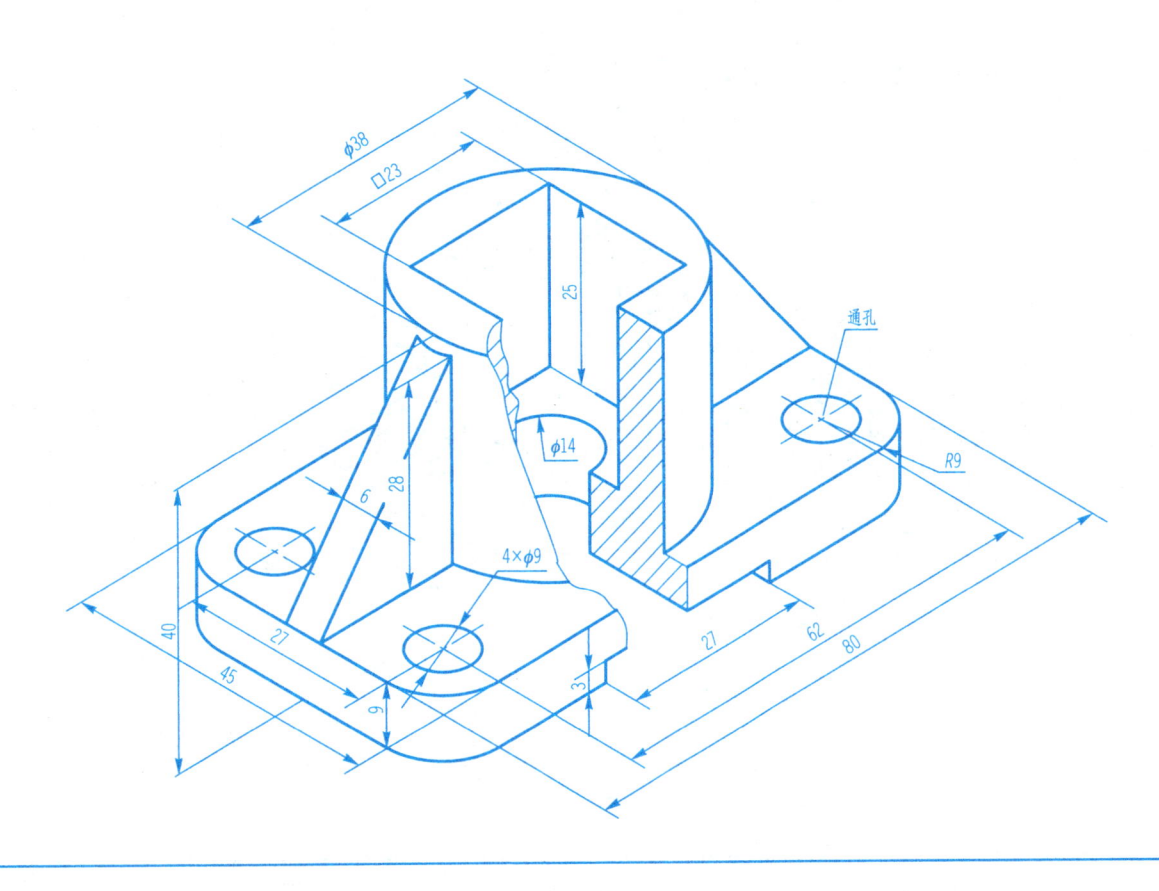

实训 8 机件的表达　　班级　　学号　　姓名

(4)

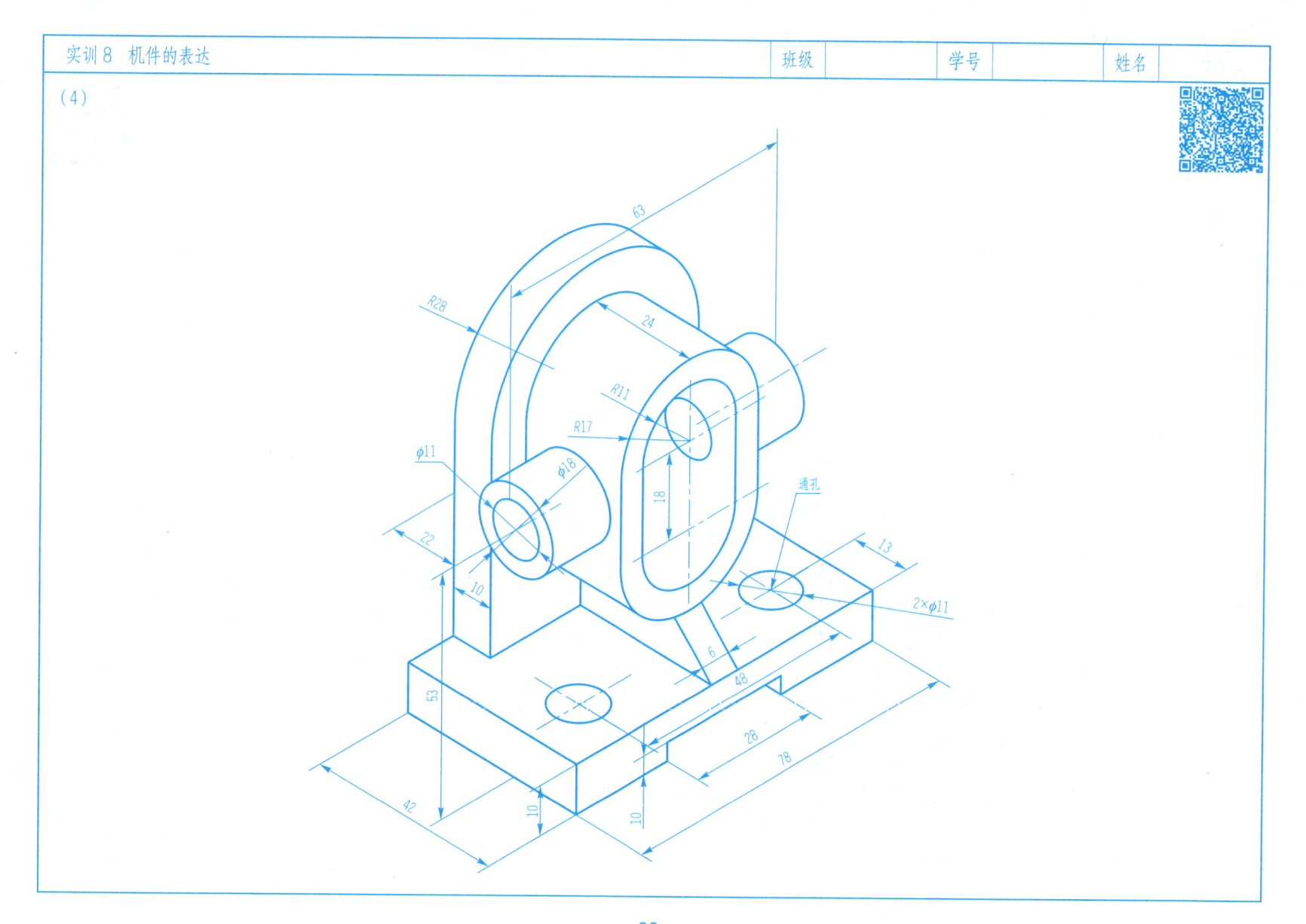

实训 8　机件的表达　　班级　　学号　　姓名

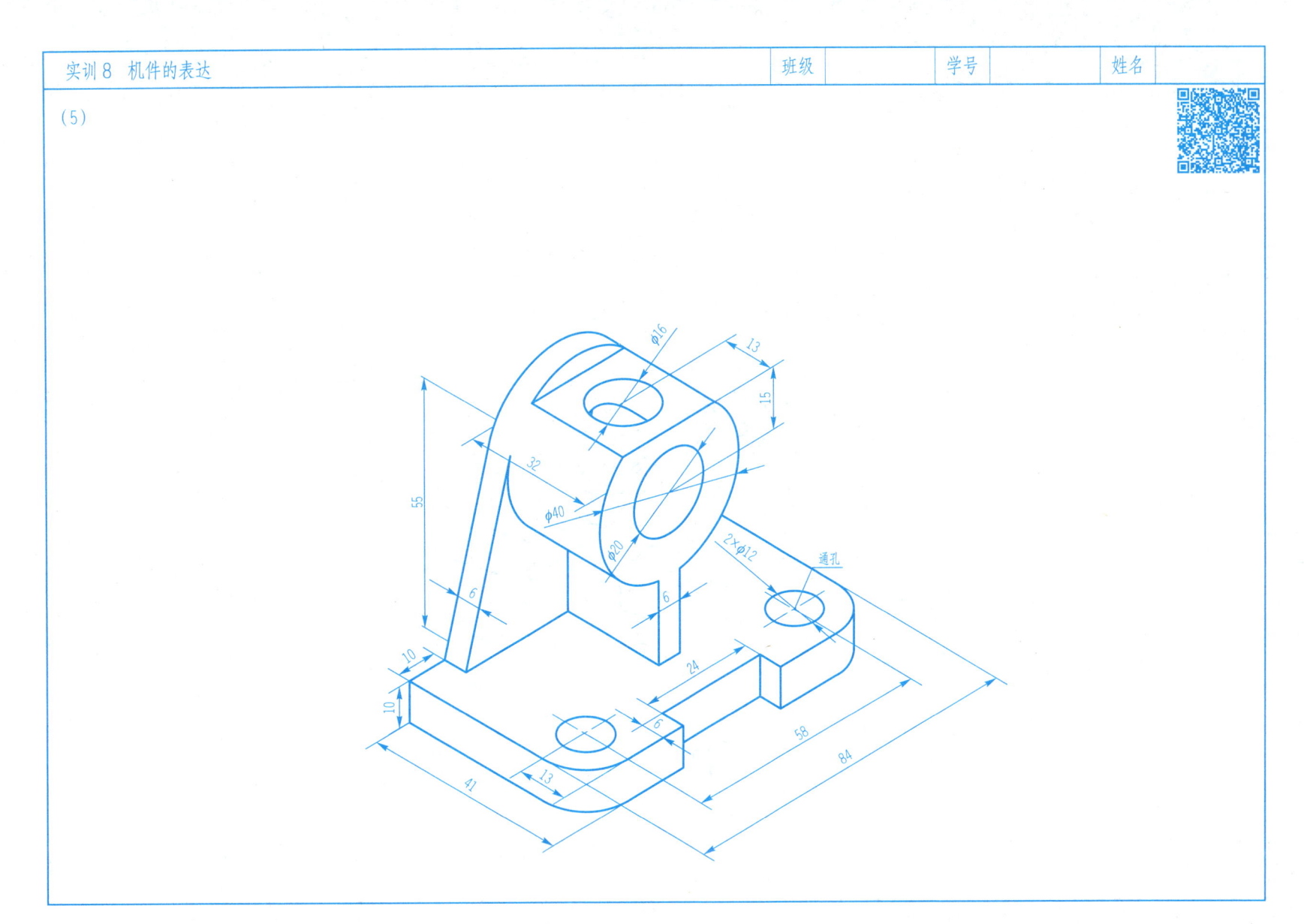

(5)

实训 8　机件的表达　　班级　　学号　　姓名

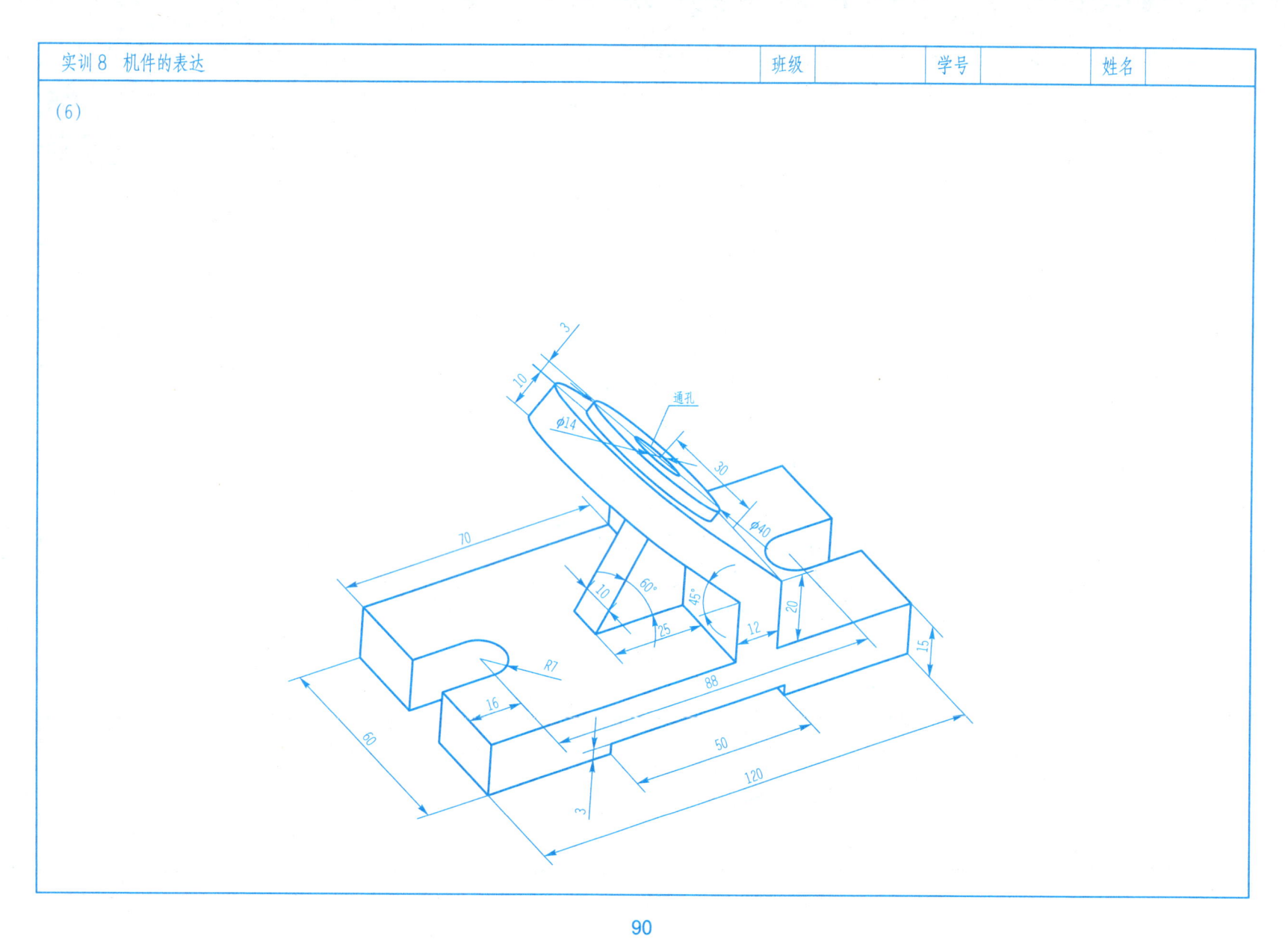

(6)

项目七 标准件与常用件

| 实训 1　螺纹的画法与标记 | 班级　　　学号　　　姓名 |

1. 分析螺纹画法中的错误，在空白处画出正确的图形。

(1) (2) (3)

(4) (5) (6)

92

实训1 螺纹的画法与标记　　　　　　　　　班级　　　　学号　　　　姓名

2.在下列图中标注螺纹的规定代号。

(1) 普通螺纹，内螺纹大径22 mm(外螺纹大径18 mm)，螺距均为2 mm，右旋，中径和顶径的公差带代号为6H(外螺纹为6g)，中等旋合长度。

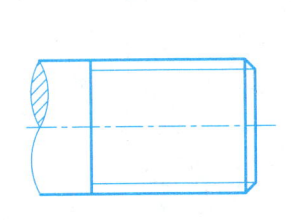

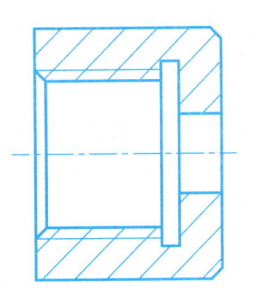

(2) 用螺纹密封的圆锥管螺纹，尺寸代号为1/2，右旋。

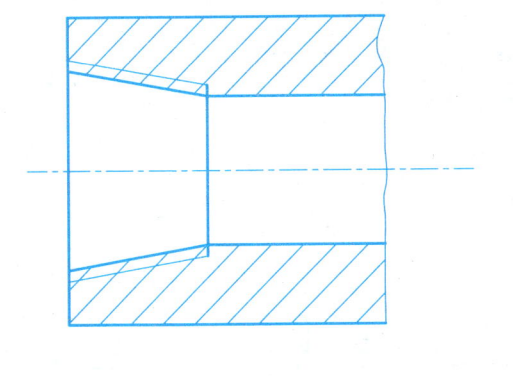

(3) 粗牙普通螺纹，大径20 mm，螺距2.5 mm，中径和顶径的公差带代号为7H，右旋。

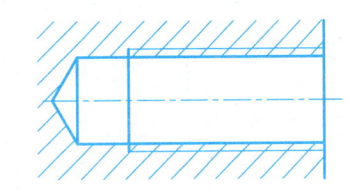

(4) 梯形螺纹，公称直径24 mm，导程10 mm，双线，左旋，中径的公差带代号为7e。

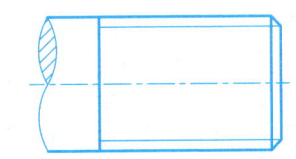

(5) 非螺纹密封的管螺纹，外螺纹，A级，右旋，尺寸代号为3/4。

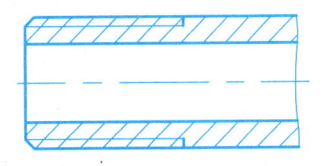

3.根据螺纹代号，查表并填写螺纹各要素。

(1) Tr20×8(P4)LH

该螺纹为＿＿＿＿螺纹；公称直径为＿＿＿＿mm；
螺距为＿＿＿＿mm；线数为＿＿＿＿；
导程为＿＿＿＿mm；旋向为＿＿＿＿。

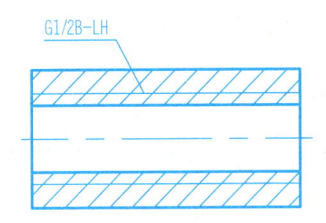

(2) G1/2B-LH

该螺纹为＿＿＿＿螺纹；大径为＿＿＿＿mm；
小径为＿＿＿＿mm；螺距为＿＿＿＿mm；
线数为＿＿＿＿；旋向为＿＿＿＿。

93

实训2 螺纹紧固件的标记

班级＿＿＿ 学号＿＿＿ 姓名＿＿＿

1. 由所给图形查表标出尺寸数值，并写出该螺纹紧固件的规定标记。

（1）螺纹规格 $d=10$ mm，公称长度 $L=40$ mm，C级的六角头螺栓（GB/T 5780—2016）。

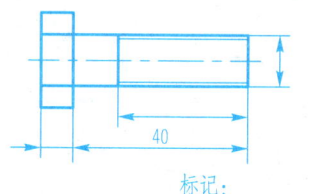

标记：＿＿＿＿

（2）两端均为粗牙螺纹，螺纹规格 $d=12$ mm，公称长度 $L=40$ mm，B级，$b_m=1d$ 的双头螺柱（GB/T 897—1988）。

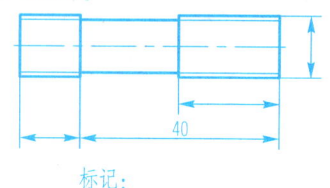

标记：＿＿＿＿

（3）螺纹规格 $d=10$ mm，公称长度 $L=40$ mm 的开槽圆柱头螺钉（GB/T 65—2016）。

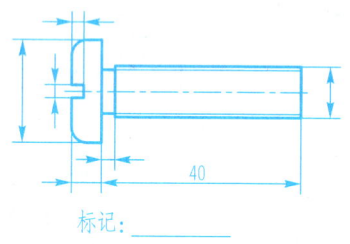

标记：＿＿＿＿

（4）螺纹规格 $d=10$ mm，A级 1 型六角螺母（GB/T 6170—2015）。

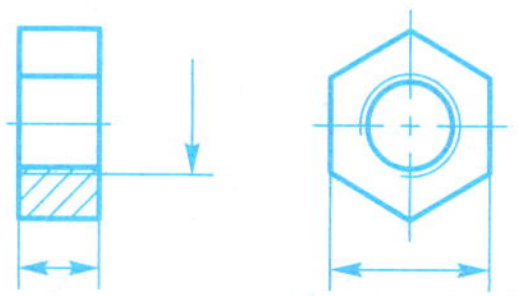

标记：＿＿＿＿

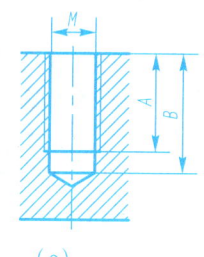

（5）标准系列，公称尺寸为 $d=10$ mm 的平垫圈（GB/T 97.1—2002）。

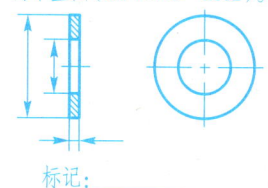

标记：＿＿＿＿

2. 根据螺纹的标记，填全表内各项内容。

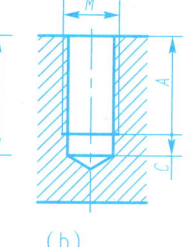

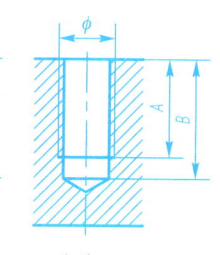

螺纹标记	螺纹种类（内/外）	公称直径	导程	螺距	线数	旋向	公差带代号	旋合长度
M10-7H	粗牙普通螺纹（内）	10	1.5	1.5	1	右	7H	中等旋合长度
M20×1.5-5g6g-L								
Tr32×6(P3)-7e								
M10-6H/6g-L-LH								
G3/4								
Rc2-LH								

3. 判断下列各图尺寸标注的正误（正确的画"√"，错误的画"×"）。

(a)＿＿ (b)＿＿ (c)＿＿ (d)＿＿

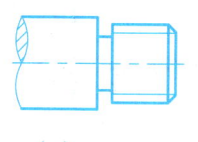

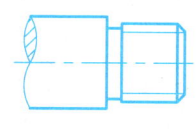

4. 判断螺纹退刀槽结构的正误（正确的画"√"，错误的画"×"）。

(a)＿＿ (b)＿＿ (c)＿＿ (d)＿＿

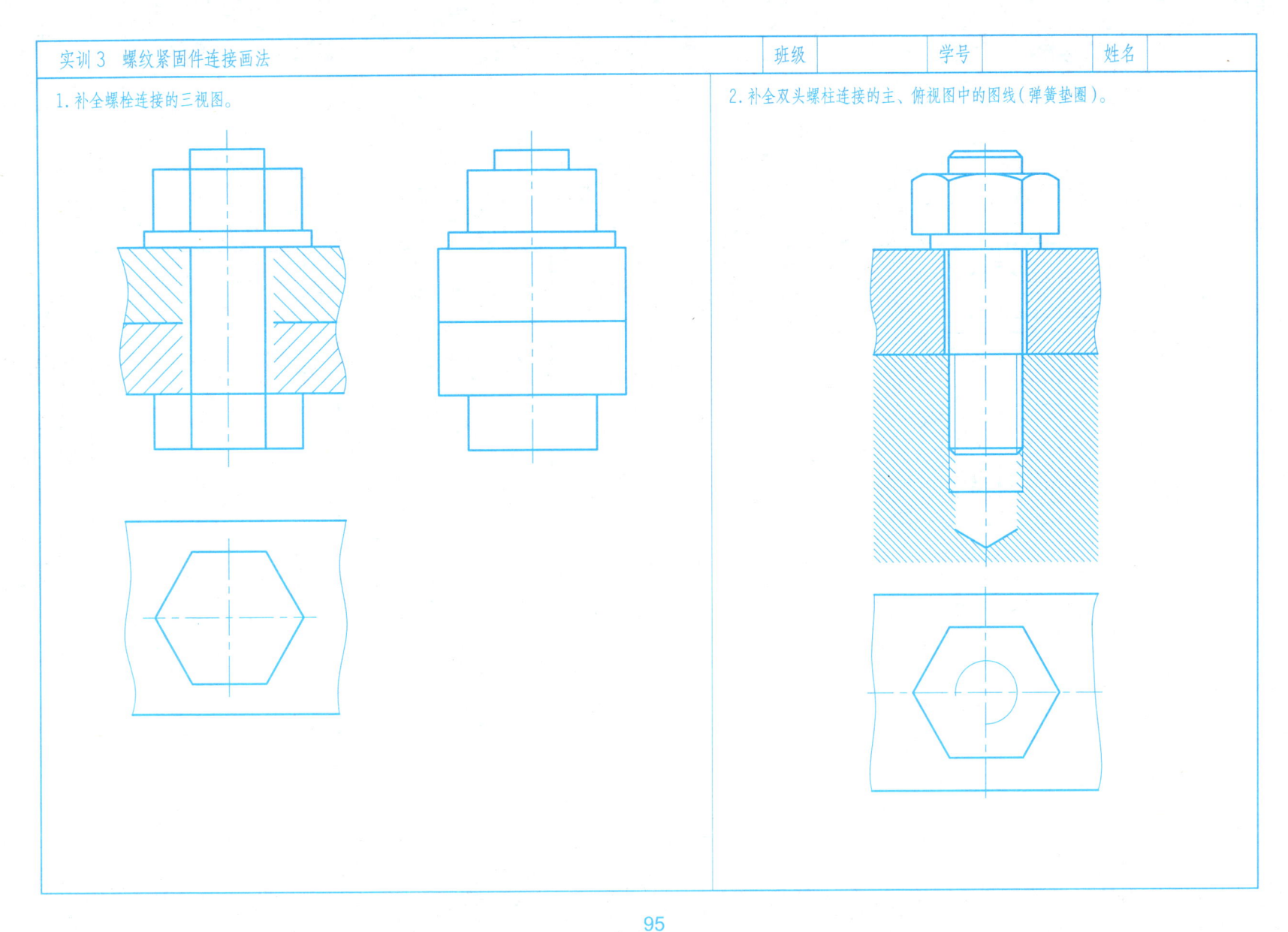

实训3 螺纹紧固件连接画法　　班级　　　　学号　　　　姓名

1. 补全螺栓连接的三视图。

2. 补全双头螺柱连接的主、俯视图中的图线(弹簧垫圈)。

95

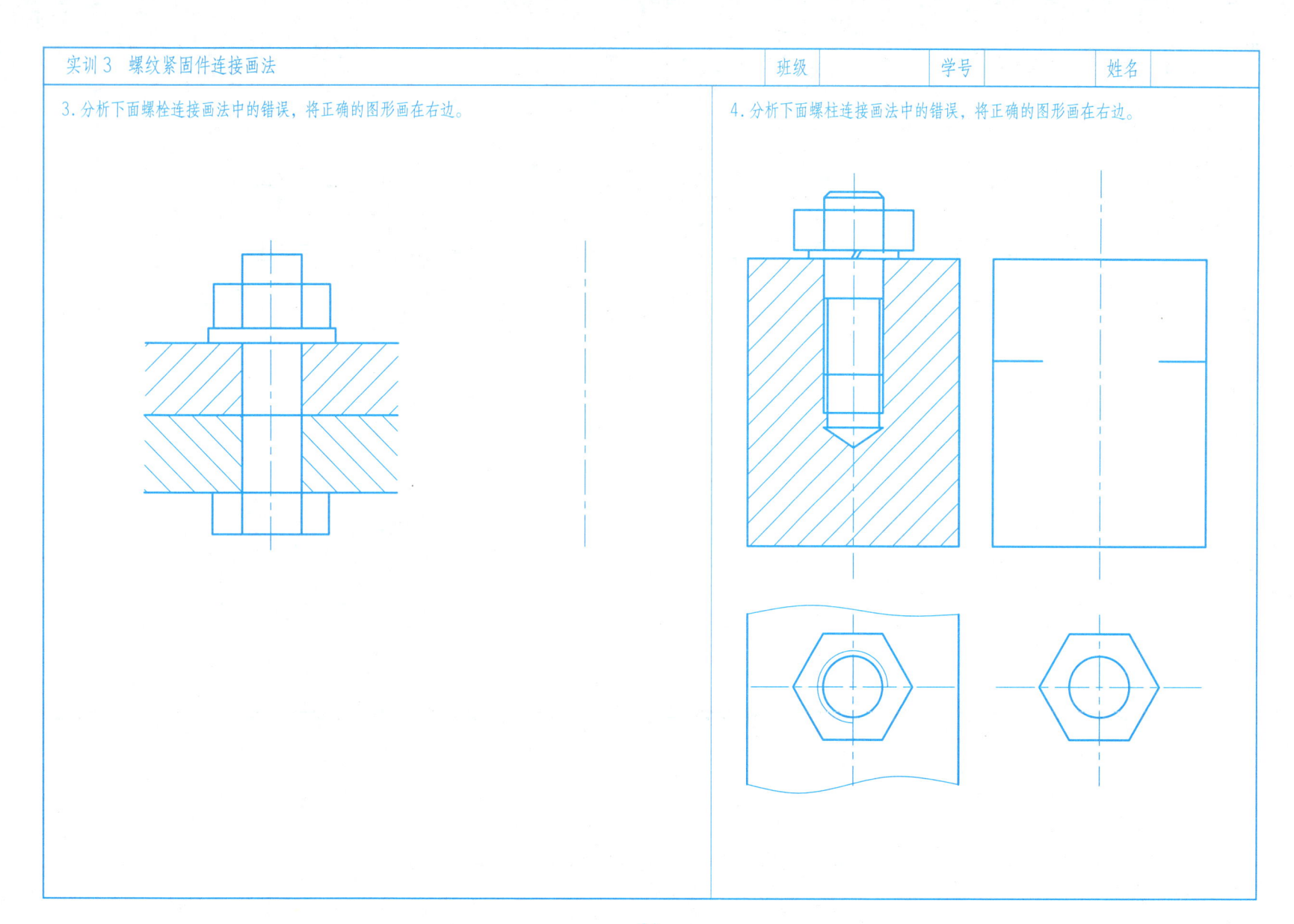

实训 3 螺纹紧固件连接画法 　　　班级　　　　学号　　　　姓名

3. 分析下面螺栓连接画法中的错误，将正确的图形画在右边。

4. 分析下面螺柱连接画法中的错误，将正确的图形画在右边。

96

实训 3　螺纹紧固件连接画法　　　　　　　　　　　班级　　　　　　　学号　　　　　　　姓名

5. 分析螺钉连接画法中的错误，将正确的图形画在指定位置。

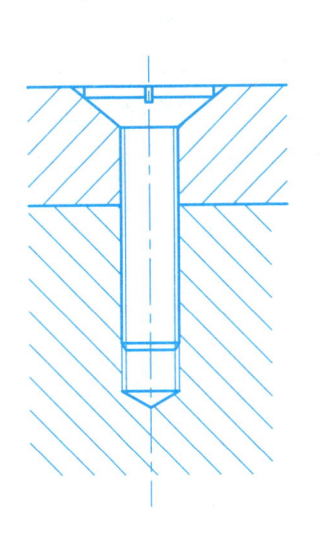

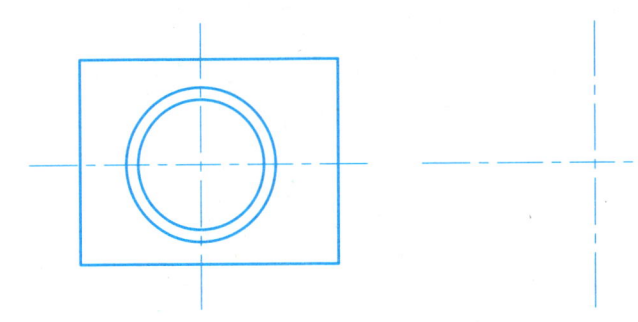

6. 已知双头螺柱 GB/T 897 M12×L、螺母 GB/T 6170 M12、垫圈 GB/T 93 12；被连接件的材料为铝合金。先确定螺柱的长度 L，然后采用简化比例画法用 1∶1 的比例画出双头螺柱连接的主视图（全剖）和俯视图。

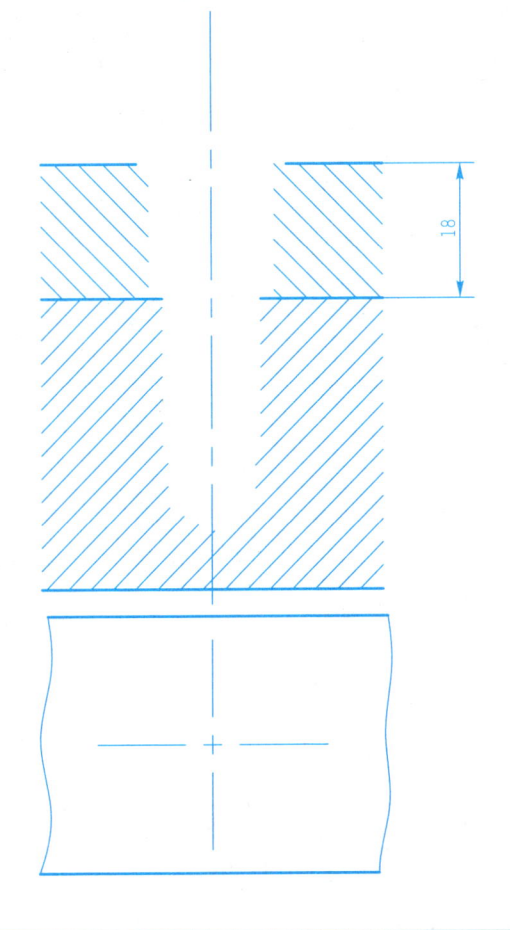

18

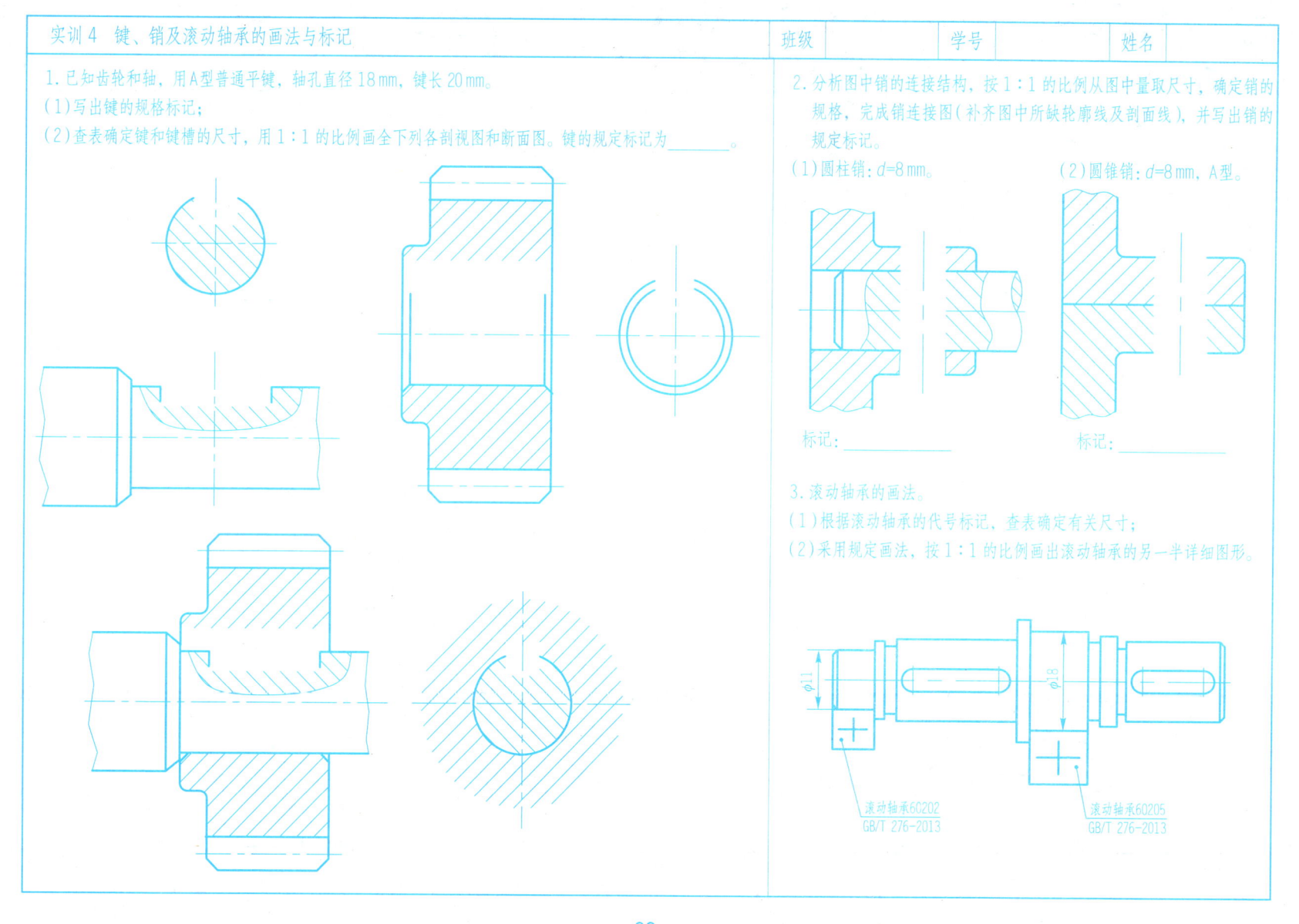

| 实训4　键、销及滚动轴承的画法与标记 | 班级 | 学号 | 姓名 |

1. 已知齿轮和轴，用A型普通平键，轴孔直径18mm，键长20mm。
(1) 写出键的规格标记；
(2) 查表确定键和键槽的尺寸，用1:1的比例画全下列各剖视图和断面图。键的规定标记为_____。

2. 分析图中销的连接结构，按1:1的比例从图中量取尺寸，确定销的规格，完成销连接图（补齐图中所缺轮廓线及剖面线），并写出销的规定标记。
(1) 圆柱销：$d=8$mm。　　(2) 圆锥销：$d=8$mm，A型。

标记：_____　　　　　标记：_____

3. 滚动轴承的画法。
(1) 根据滚动轴承的代号标记，查表确定有关尺寸；
(2) 采用规定画法，按1:1的比例画出滚动轴承的另一半详细图形。

滚动轴承6O202　　　滚动轴承6O205
GB/T 276—2013　　GB/T 276—2013

98

实训 4　键、销及滚动轴承的画法与标记		班级		学号		姓名	

4. 根据图中给出的代号，查表画出各标准件、常用件，各零件材料均为钢，作图比例 1∶1。

螺钉 GB/T 71-2018 M6×10

螺钉 GB/T 68-2016 M6×16

圆柱直齿齿轮 $m=2$, $z=33$

键 8×7×18 GB/T 1096-2003

销 GB/T 119.1-2000 8m6×28

螺柱 GB/T 897-1988 8×25

螺母 GB/T 6170-2015 M8

垫圈 GB/T 97.1-2002 8-140HV

实训 5　齿轮和弹簧的画法　　班级　　　学号　　　姓名

1. 已知一平板直齿圆柱齿轮,模数 m=2,齿数 z=25,试计算齿轮的分度圆、齿顶圆、齿根圆等主要尺寸,并按规定画法完成齿轮的主、左视图(比例 1∶1)。

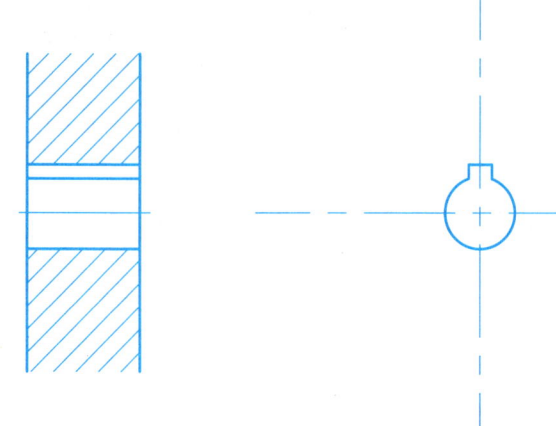

2. 另有一齿数 z_2=17 的平板直齿小齿轮与第 1 题中平板齿轮啮合,试计算小齿轮的分度圆、齿顶圆、齿根圆等主要尺寸,并按规定画法完成两齿轮啮合的主、左视图(比例 1∶1)。

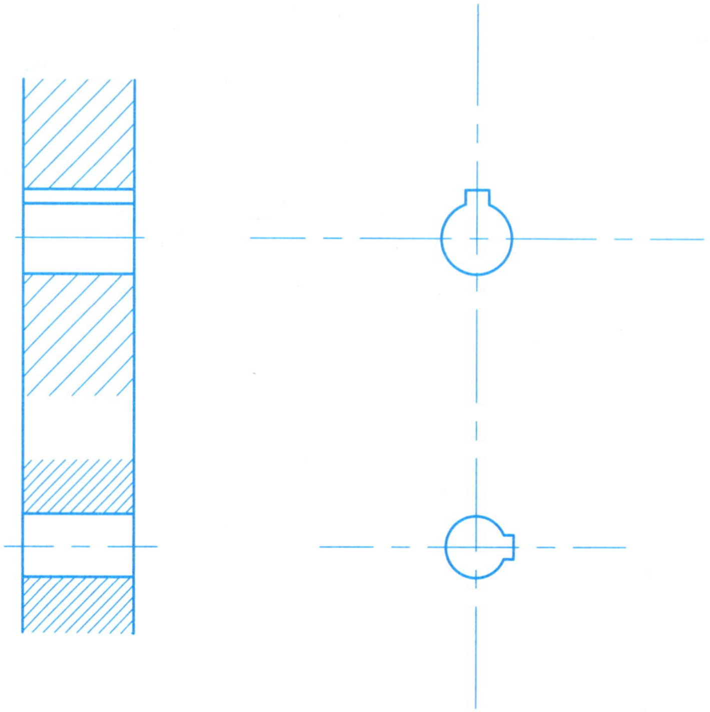

3. 已知圆柱螺旋压缩弹簧的直径 d=6,弹簧中径 D=40,节距 t=13,有效圈数 n=7,支承圈数 n_2=2.5,右旋。用 1∶1 的比例画出弹簧的全部视图。

项目八 机械工程图样

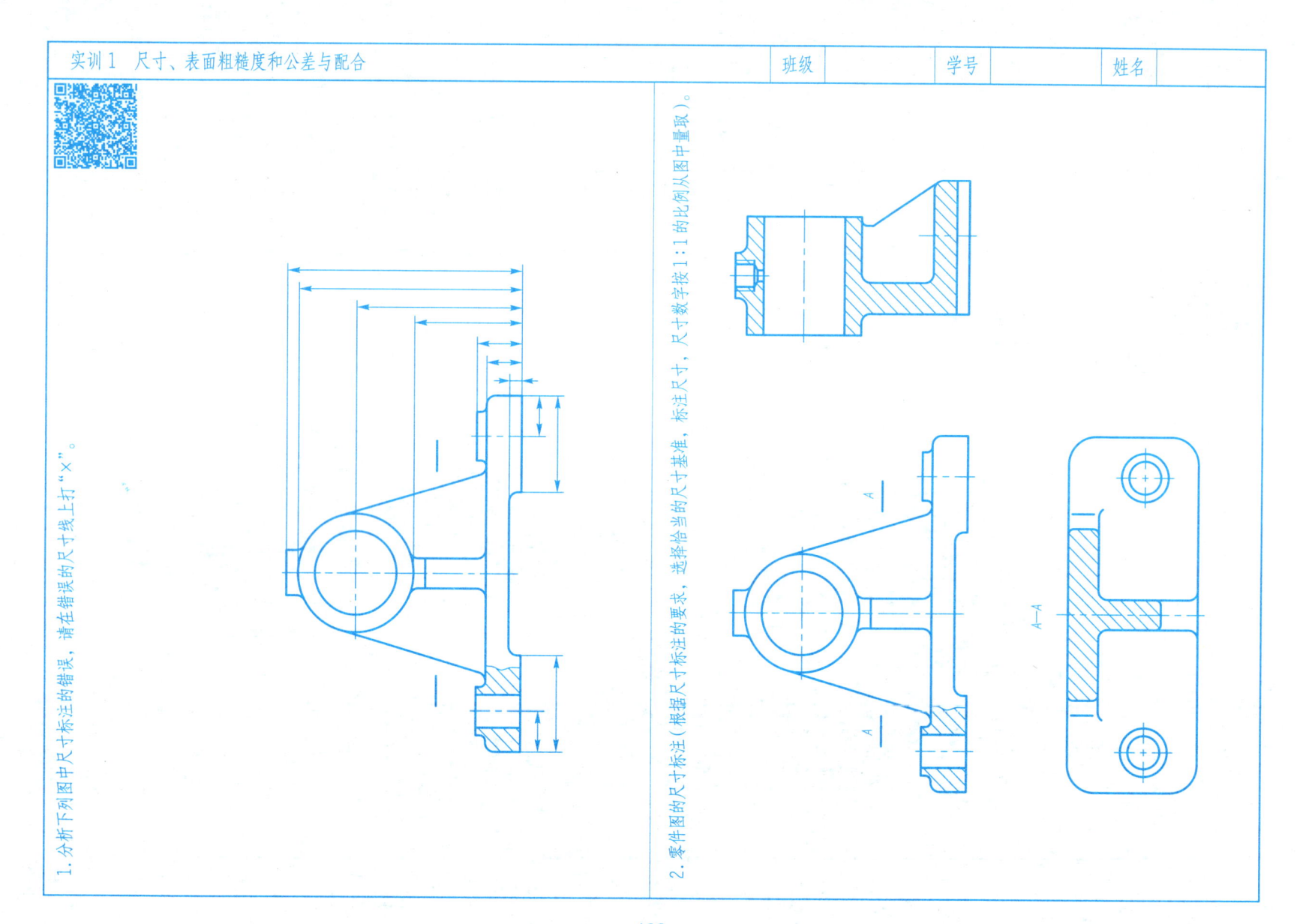

| 实训1　尺寸、表面粗糙度和公差与配合 | 班级　　　　　学号　　　　　姓名 |

1. 分析下列图中尺寸标注的错误，请在错误的尺寸线上打"×"。

2. 零件图的尺寸标注（根据尺寸标注的要求，选择恰当的尺寸基准，标注尺寸，尺寸数字按1:1的比例从图中量取）。

| 实训1　尺寸、表面粗糙度和公差与配合 | 班级　　　　学号　　　　姓名 |

3. 将指定表面的表面粗糙度用代号标注在下图中，并标注出图中倒角、退刀槽等加工工艺结构尺寸。

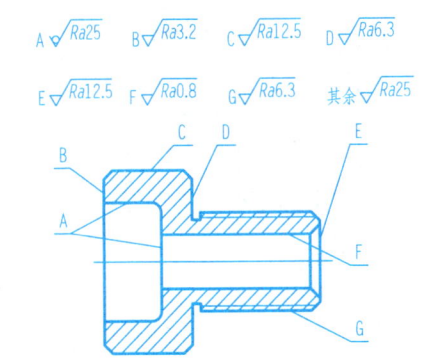

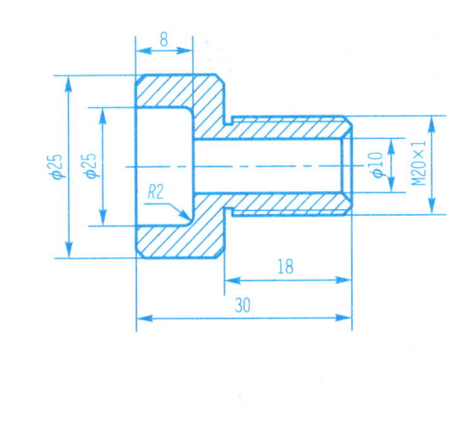

4. 已知孔的公称尺寸为 $\phi30$，基本偏差代号为H，公差等级为IT7，其左端面对 $\phi30$ 轴线的垂直度公差为 0.015 mm；轴的公称尺寸为 $\phi30$，基本偏差代号为f，公差等级为IT7，其圆柱面的圆柱度公差为 0.03 mm（偏差值应根据相应参数查标准表确定）。

(1) 孔的上极限偏差为_____，下极限偏差为_____，公差为_____，孔的上极限尺寸为_____，孔的下极限尺寸为_____。

(2) 轴的上极限偏差为_____，下极限偏差为_____，轴的公差为_____，轴的上极限尺寸为_____，轴的下极限尺寸为_____。

(3) 在图中以极限偏差形式标注出孔和轴的相应尺寸。

(4) 将孔和轴的几何公差要求标注在相应图上。

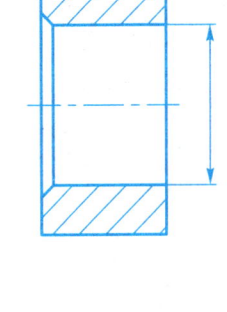

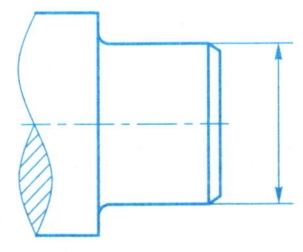

5. 根据装配图上的配合代号分别在零件图上注出公称尺寸和偏差数值，并完成填空。

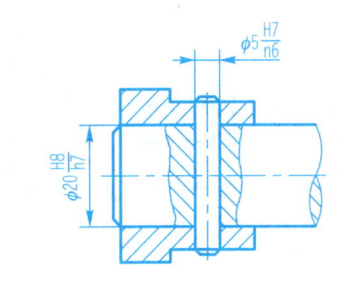

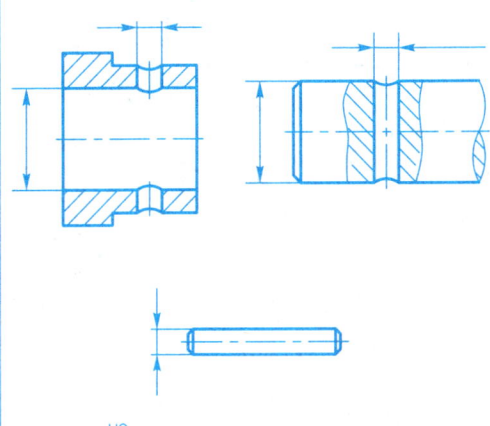

$\phi20\dfrac{H8}{h7}$ 属于基_____制_____配合。

$\phi25\dfrac{H7}{n6}$ 属于基_____制_____配合。

实训1　尺寸、表面粗糙度和公差与配合　　班级　　学号　　姓名

6. 标注表面粗糙度。

(1)

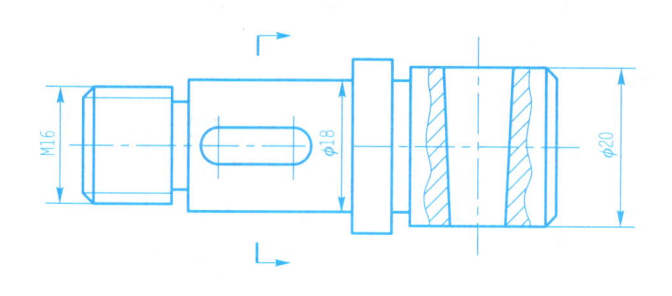

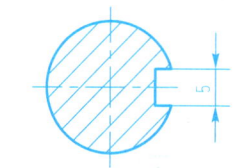

1) $\phi 20$、$\phi 18$ 圆柱面粗糙度 Ra 的上限值为 1.6 μm。
2) M16 螺纹工作表面粗糙度 Ra 的上限值为 3.2 μm。
3) 键槽两侧面粗糙度 Ra 的上限值为 3.2 μm，底面粗糙度 Ra 的上限值为 6.3 μm。
4) 右侧锥销孔内表面粗糙度 Ra 的上限值为 3.2 μm。
5) 其余表面粗糙度 Ra 的上限值为 12.5 μm。

(2)

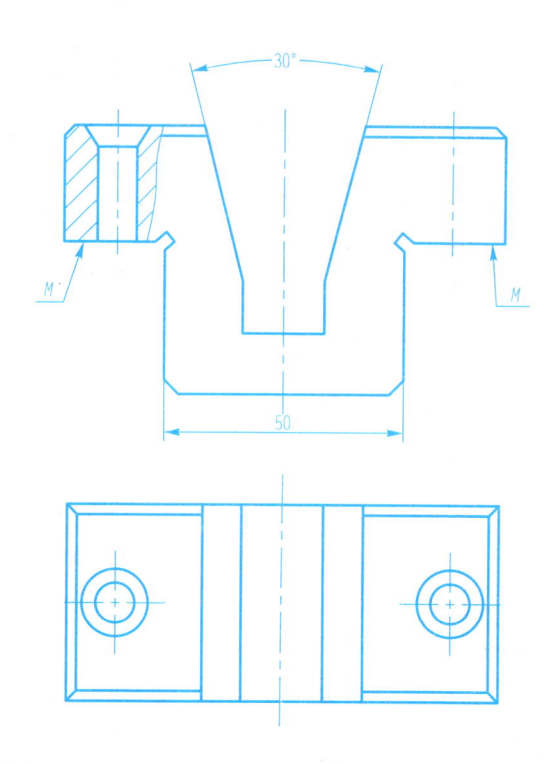

1) 倾角呈 30° 两平面，其表面粗糙度 Ra 为 6.3 μm。
2) 顶面与宽度为 50 mm 两侧面，其表面粗糙度 Ra 为 1.6 μm。
3) 两 M 平面，其表面粗糙度 Ra 为 3.2 μm。
4) 其余表面粗糙度 Ra 为 25 μm。

实训1　尺寸、表面粗糙度和公差与配合	班级　　　　学号　　　　姓名

7.标注几何公差。

(1)

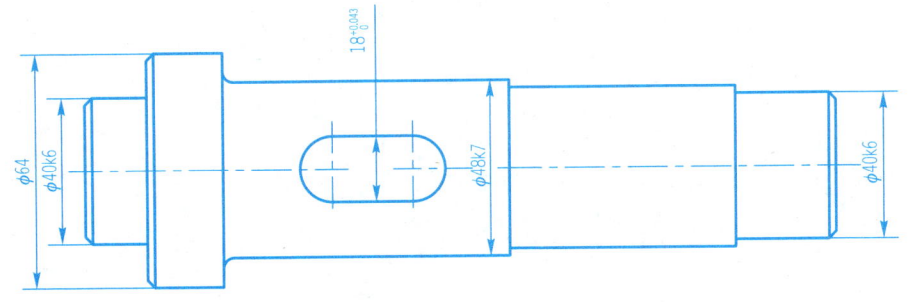

(2)

1)ϕ48k7 圆柱面对两个ϕ40k6 公共轴线的圆跳动公差为 0.02 mm。

2)ϕ64 右轴肩对中ϕ48k7 轴线的全跳动公差为 0.025 mm。

3)$18^{+0.043}_{0}$ 键槽的中心平面对ϕ48k7 轴线的对称度公差为 0.03 mm。

4)ϕ48k7 圆柱面任一素线的直线度公差为 0.01 mm。

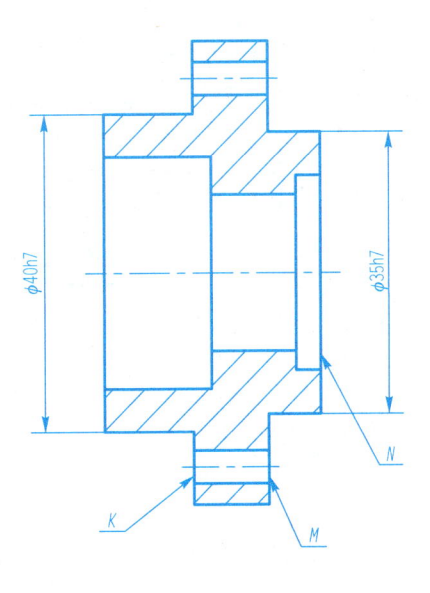

1)K 面对ϕ40h7 轴线的垂直度公差为 0.025 mm。

2)M、N 面对ϕ35h7 轴线的垂直度公差为 0.03 mm。

3)ϕ35h7 轴线对ϕ40h7 轴线的同轴度公差为ϕ0.12 mm。

4)左端面的平面度公差为 0.01 mm。

5)左端面对右端面的平行度公差为 0.01 mm。

实训1 尺寸、表面粗糙度和公差与配合

8.填空说明图中公差代号的含义。

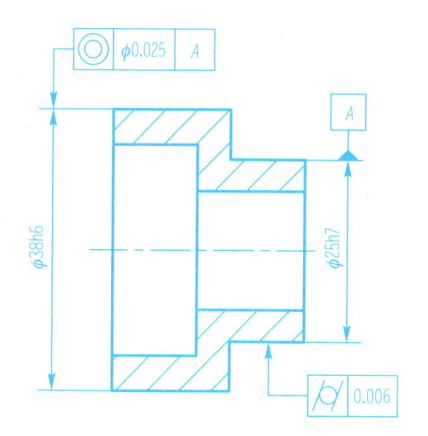

例：被测φ38轴线，对φ25h7基准轴线A的同轴度公差为0.025 mm。
被测φ25h7圆柱面的圆柱度公差为0.006 mm。

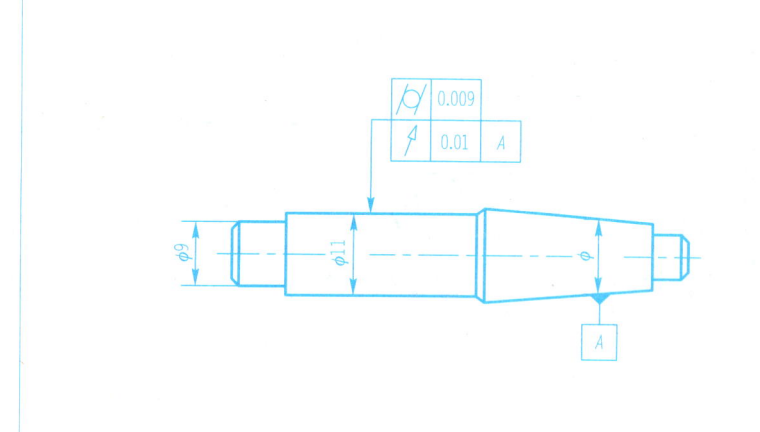

被测_____圆柱面的_____公差为_____。
被测_____圆柱面对圆锥轴段的_____轴线的_____公差为_____。

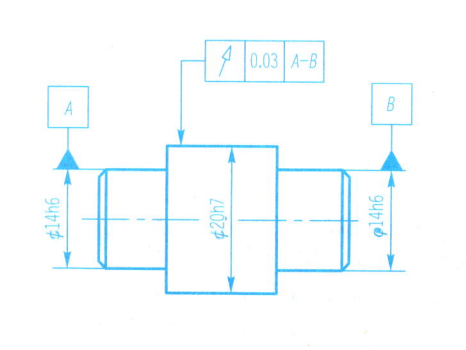

被测_____圆柱面对两个_____公共轴线的_____公差为_____。

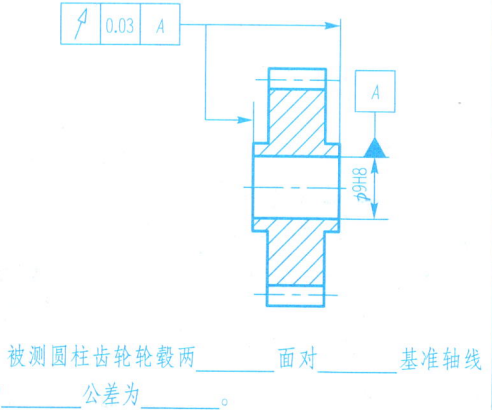

被测圆柱齿轮轮毂两_____面对_____基准轴线的_____公差为_____。

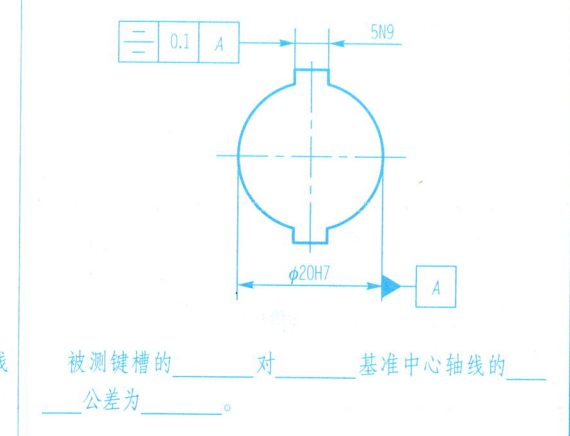

被测键槽的_____对_____基准中心轴线的_____公差为_____。

实训 2　根据轴测图画零件草图，自定比例，参照教材同类零件，编注技术要求　　班级　　　学号　　　姓名

1.传动轴

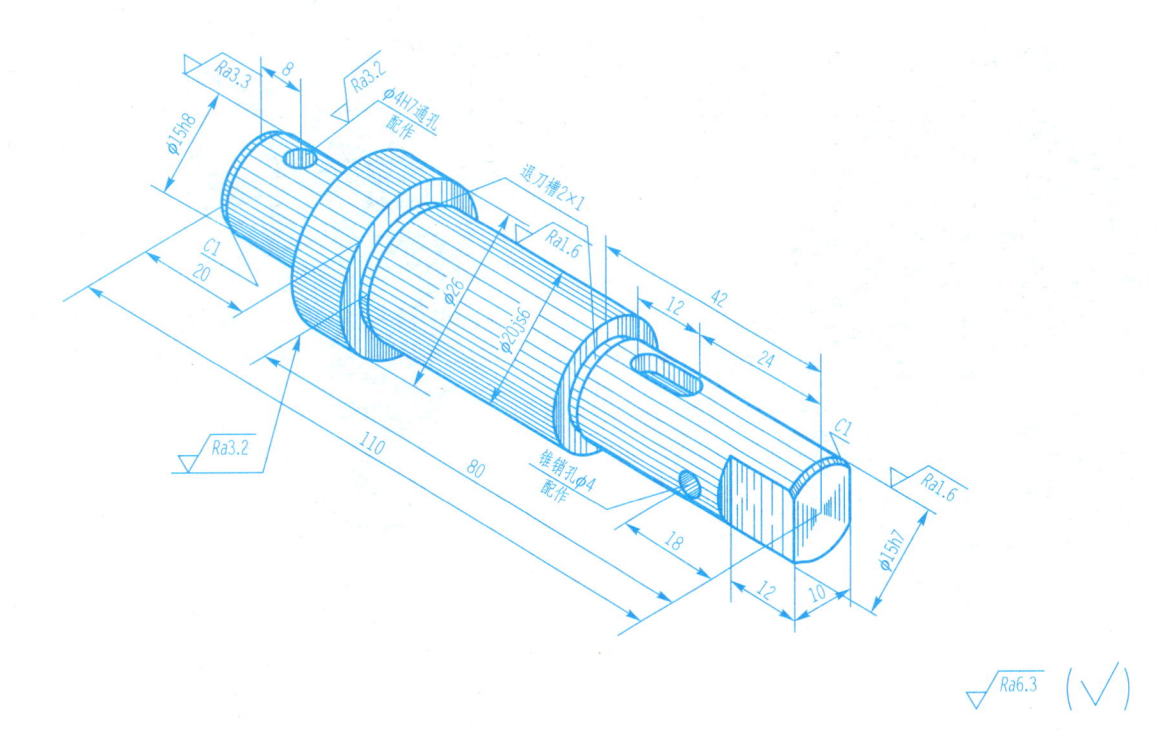

(1)图幅：A4；比例：1∶1；数量：1；材料：45。
(2)技术要求：
1)零件上键槽的宽度和深度应查标准确定。
2)$\phi15h7$ 轴线相对 $\phi20js6$ 轴线的同轴度公差值为 $\phi0.05$ mm。
3)其余加工表面的表面结构要求为去除材料方法得到的 $Ra6.3$。
4)调质处理 220～250 HBW；未注倒角 C1；去毛刺、锐边。

实训 2　根据轴测图画零件草图，自定比例，参照教材同类零件，编注技术要求　　班级　　学号　　姓名

2. 右端盖

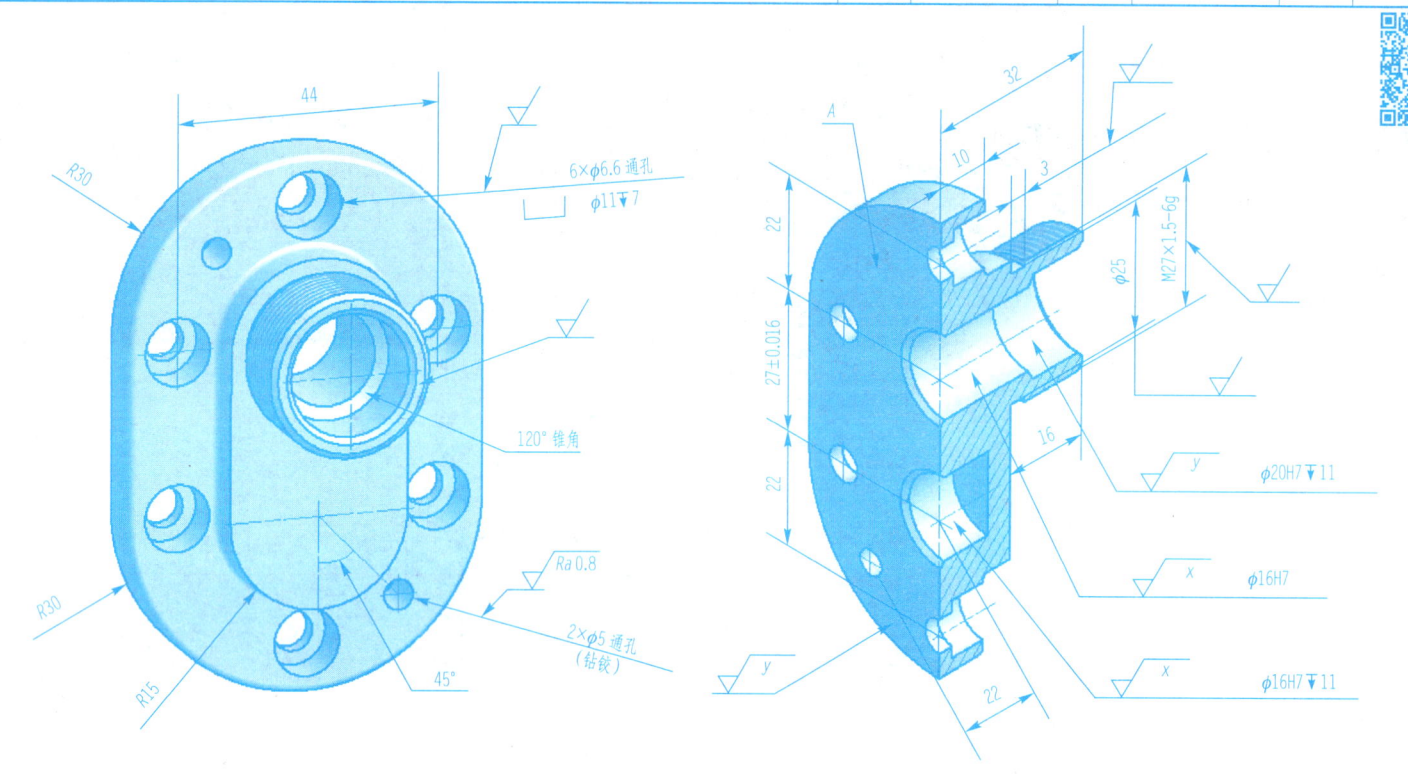

(1) 图幅：A3；比例：2∶1；数量：1；材料：HT200。
(2) 技术要求：
1) 两处 ϕ16H7 孔的轴线分别相对于 A 面（右端盖上最大加工平面）的垂直度公差为 ϕ0.015 mm。
2) 铸件应经时效处理。
3) 未注倒角 C1；未注圆角 R2；去毛刺、锐边。
4) 其余表面的表面结构要求为不去除材料方法获得。

$\sqrt{}$ = $\sqrt{Ra6.3}$
$\sqrt{}^x$ = $\sqrt{Ra1.6}$
$\sqrt{}^y$ = $\sqrt{Ra3.2}$

实训 2　根据轴测图画零件草图，自定比例，参照教材同类零件，编注技术要求　　班级　　学号　　姓名

3. 泵体

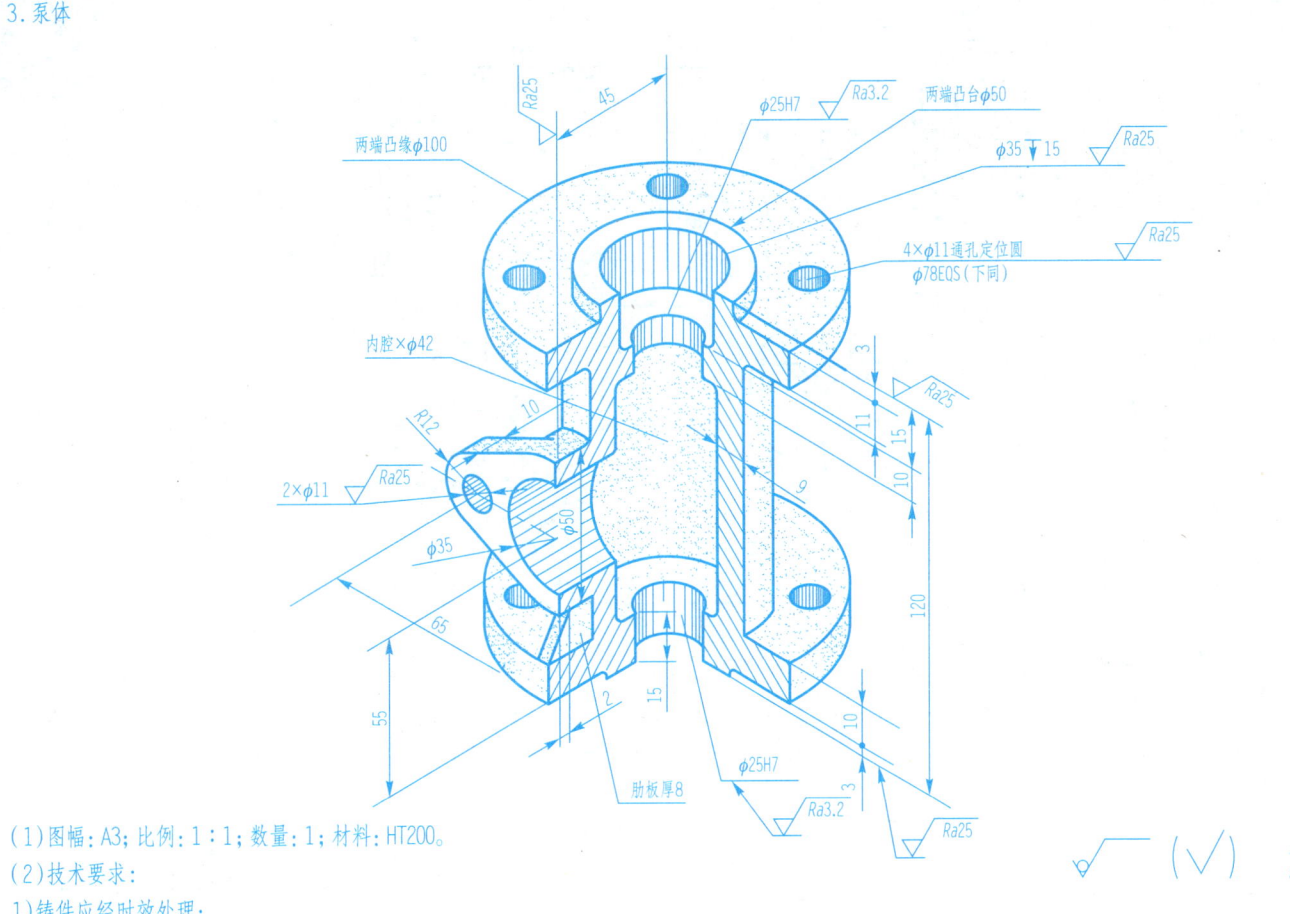

(1)图幅：A3；比例：1：1；数量：1；材料：HT200。
(2)技术要求：
1)铸件应经时效处理；
2)未注倒角C1；未注圆角R2；去毛刺、锐边；
3)其余表面的表面结构要求为不去除材料方法获得。

名称：阀体
材料：HT150

实训3　识读零件图

1. 识读起重螺杆的零件图，完成下列填空题。

(1) 零件的名称、材料、比例分别为_____、_____、_____。
(2) 主视图采用了_____，表达了_____。
(3) 在移出断面图中，中心两条相交线_____线，该断面图省略标注是因为它符合_____而省略标注。
(4) 起重螺杆属于_____类零件。
(5) 尺寸SR25f8中，"SR"表示_____，该表面的表面结构要求为_____。
(6) 零件上的螺纹退刀槽结构按"槽宽×槽深"的形式进行标注，可表示为_____。
(7) 几何公差符号 ⌀ 0.025 A 的含义：被测要素为_____，基准要素为_____，公差项目为_____。
(8) 图中尺寸22.5属于_____(定形或定位)尺寸。
(9) 图中尺寸C4表示倒角与轴线的夹角为_____，倒角轴向距离为_____。
(10) 尺寸SR25f8中，f8为_____代号，f为_____代号，8为_____代号，其上极限偏差为_____，下极限偏差为_____，上极限尺寸为_____，下极限尺寸为_____，公差为_____，实际尺寸在_____为合格。

技术要求
1. 调质处理220~250HBW。
2. 去毛刺、锐边，未注倒角C1。

起重螺杆	比例	1:2	材料	45
	数量	1	图名	
制图				
审核		校名		

110

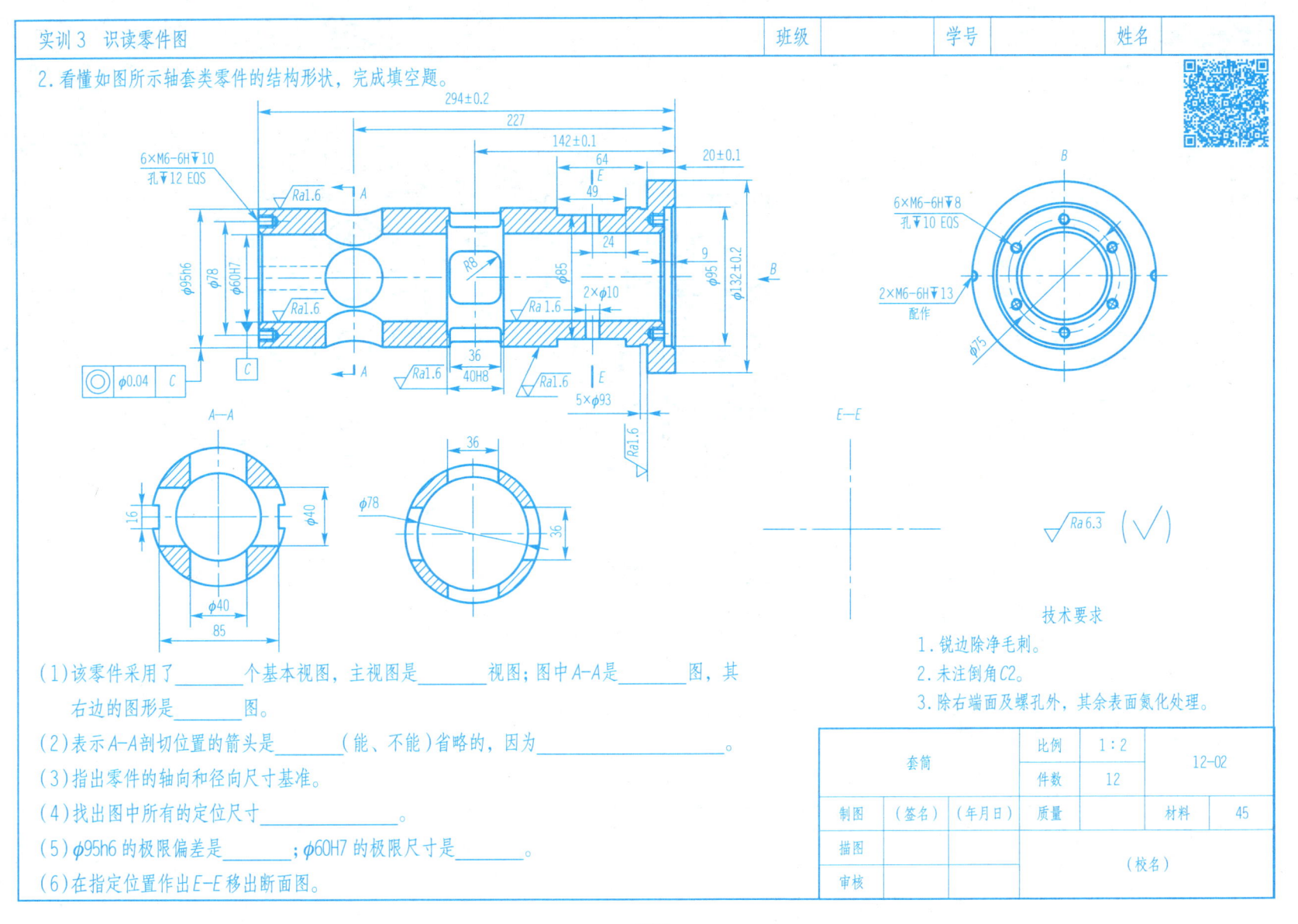

实训3　识读零件图

2. 看懂如图所示轴套类零件的结构形状，完成填空题。

技术要求
1. 锐边除净毛刺。
2. 未注倒角C2。
3. 除右端面及螺孔外，其余表面氮化处理。

(1) 该零件采用了_____个基本视图，主视图是_____视图；图中A—A是_____图，其右边的图形是_____图。

(2) 表示A—A剖切位置的箭头是_____（能、不能）省略的，因为_____。

(3) 指出零件的轴向和径向尺寸基准。

(4) 找出图中所有的定位尺寸_____。

(5) $\phi 95h6$的极限偏差是_____；$\phi 60H7$的极限尺寸是_____。

(6) 在指定位置作出E—E移出断面图。

套筒	比例	1:2	12-02
	件数	12	
制图	(签名)	(年月日)	质量		材料	45
描图				(校名)
审核				

实训3　识读零件图

3. 看懂如图所示油压缸端盖零件的结构形状，完成填空题。

(1) 该零件的名称是_____，属于_____类零件。

(2) 该零件用了_____个基本视图表达，_____视图采用_____剖视图，另一个是_____视图。

(3) 在图中指出径向和轴向尺寸的主要基准。

(4) φ16H7 孔的代号中，H 表示_____代号，7 表示_____代号。

(5) Rc1/4 是_____螺纹，大径尺寸是_____。

(6) $\dfrac{3\times M5\text{-}7H\downarrow 10}{孔\downarrow 12}$ 表示有_____个公称直径为_____的螺孔，螺孔深度为_____，螺纹中径为_____，公差带和顶径公差带代号均为_____，钻孔深度为_____。

(7) $\dfrac{6\times\phi 7 EQS}{\sqcup\phi\downarrow 5}$ 表示有_____个_____孔，沉孔直径为_____，深度为_____。

(8) 在指定位置，画出该零件的右视图。

技术要求
1. 铸件不得有砂眼、裂纹。
2. 锐边倒角C1。

油压缸端盖	比例	1:1	(图号)
	件数	12	
班级		学号		材料	HT150	成绩	
制图							
审核		日期		(校名)			

112

实训 3　识读零件图

4. 看懂泵盖零件的结构形状，完成填空题。

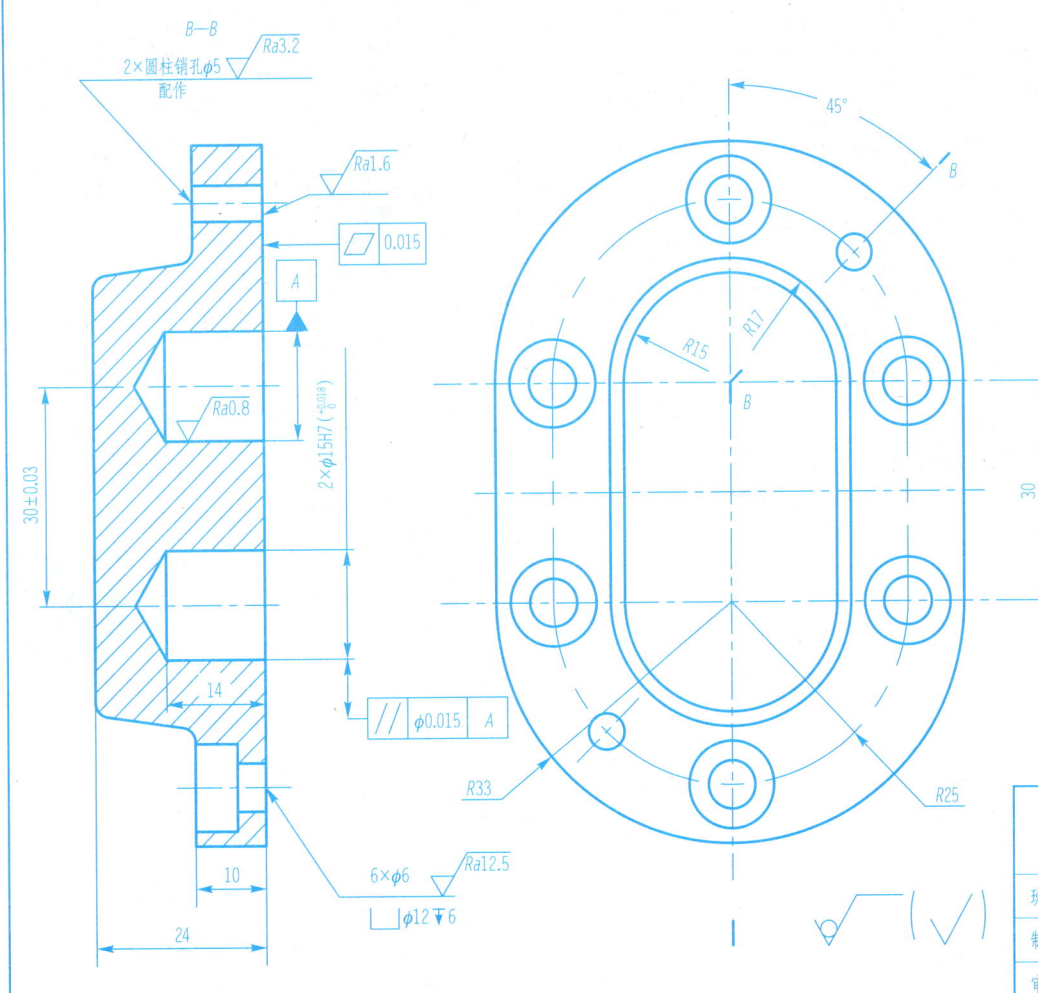

(1) 该零件名称是_____，主视图采用_____剖视。

(2) 此零件有销孔_____个，尺寸是_____，沉孔_____个，尺寸是_____，不通孔_____个，尺寸是_____。

(3) 用指引线标出此零件长、宽、高三个方向的尺寸基准，并指出是哪个方向的尺寸基准。

(4) 用笔圈出此零件的定位尺寸。

(5) 此零件上表面质量要求最高的表面是_____，其表面粗糙度 Ra 数值为_____。

(6) 标题栏中 HT150 表示_____。

技术要求
1. 铸件不得有砂眼、裂纹；
2. 锐边倒钝。

| 实训3　识读零件图 | | 班级 | | 学号 | | 姓名 | |

5. 看懂托架零件的结构形状，完成填空题。

(1) 该零件的名称是＿＿＿＿＿＿＿，属于＿＿＿＿＿＿＿类零件。

(2) 该零件用了＿＿＿＿个图形表达，它们分别是＿＿＿视图、＿＿＿视图、＿＿＿视图和一个＿＿＿＿＿＿。

(3) 在图中指出长、宽、高三个方向尺寸的主要基准。

(4) 零件上要求最高的表面粗糙度Ra值为＿＿＿＿，是＿＿＿＿面。表面粗糙度Ra值为25μm的共有＿＿＿＿处。

(5) ⊥│φ0.05│A 表示被测部位为＿＿＿＿＿＿对基准＿＿＿＿＿＿的＿＿＿＿＿＿公差值为＿＿＿＿。

(6) 补画左视图。

技术要求
1. 铸件不得有砂眼、裂纹。
2. 未注圆角R3～R5。

托架	比例	1:1	(图号)
	件数		
班级	学号	材料	HT150	成绩
	制图			
	审核	日期		(校名)

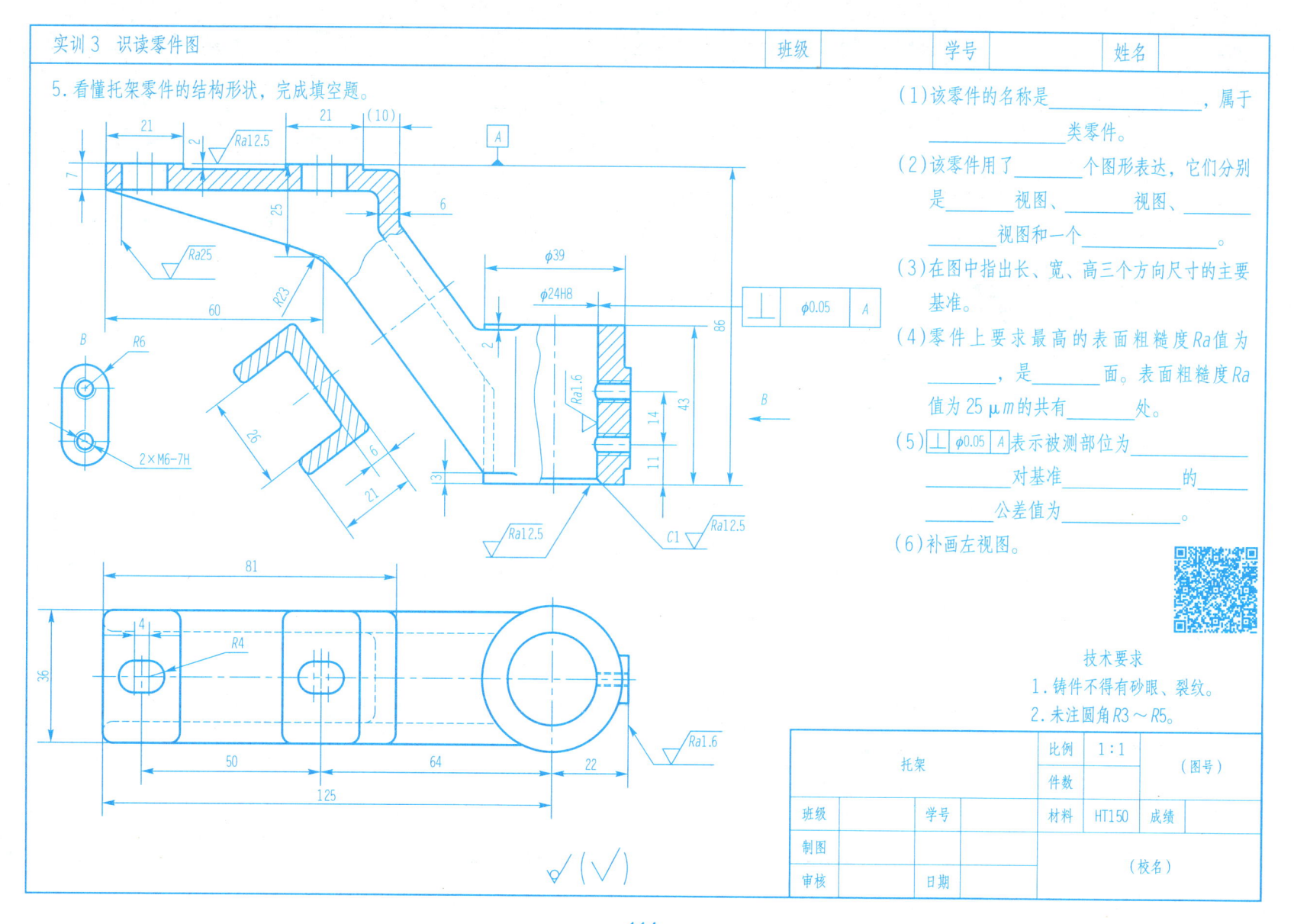

实训3　识读零件图

6. 看懂支架零件的结构形状，完成填空题。

(1) 表达该零件用了_____个视图。主视图采用_____剖视。K—K和N—N图称为_____图。

(2) 确定D点在主、俯视图上的投影。

(3) N—N剖视图中上部三个大圆的直径从大到小分别是_____、_____、_____。

(4) 零件上各处的肋板厚度尺寸均为_____。

(5) 主视图左端长方形板的定形尺寸为_____、_____、_____。2φ18H9孔的定位尺寸为_____。该零件总体尺寸为_____。

(6) 图中螺纹标记2×M12中，2是指_____，M是_____代号，表示_____螺纹。

(7) 图中注出的φ100H10中，φ100表示_____，H是_____代号，10是指_____。

(8) 找出粗糙度要求最严的表面。这些表面的表面结构代号为_____。

技术要求
未注圆角R3～R5。

支架	比例	1:1	(图号)
	件数		
班级	学号	材料	HT150	成绩
制图			
审核	日期	(校名)

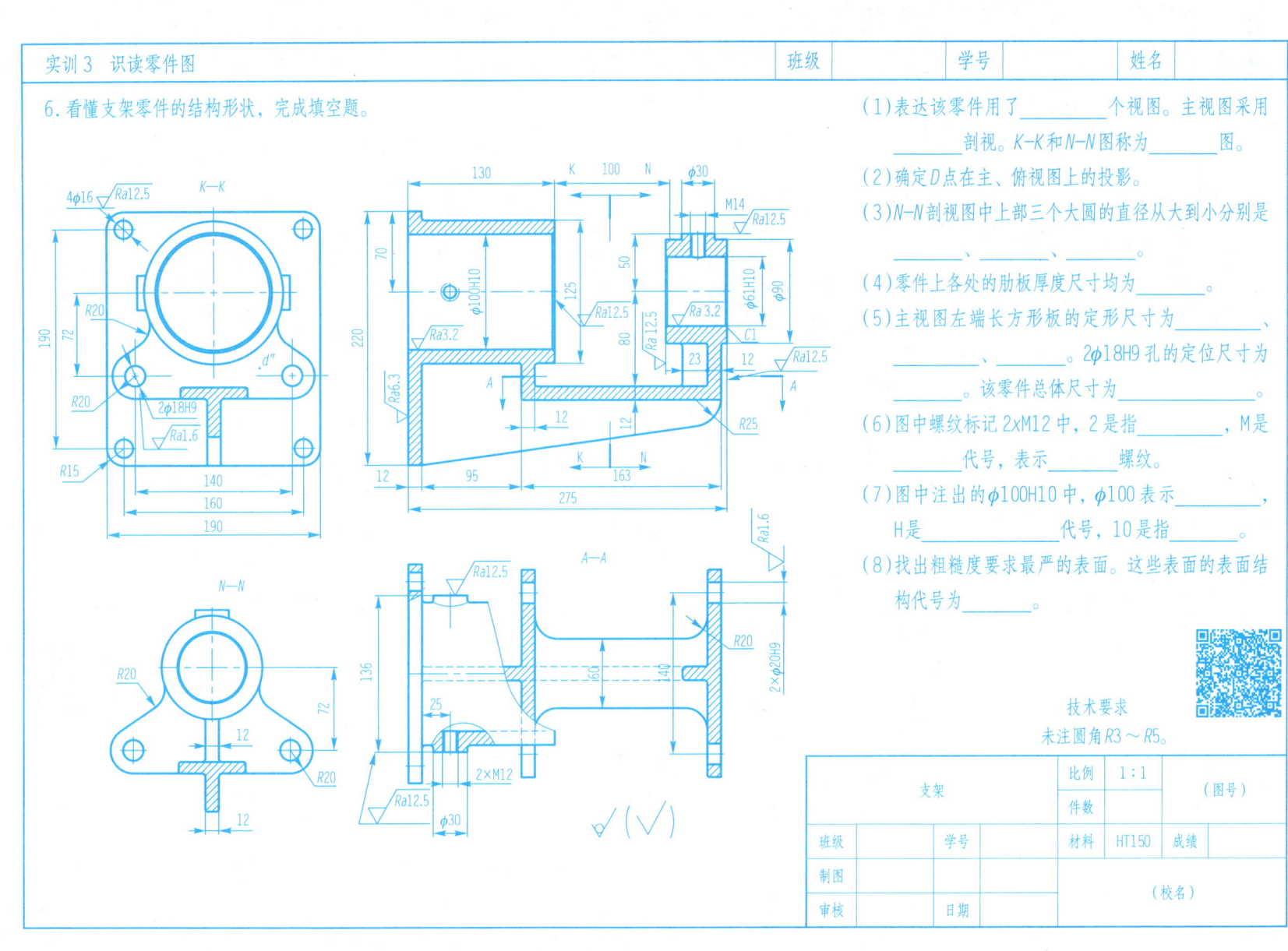

实训3 识读零件图　　　　班级　　　　学号　　　　姓名

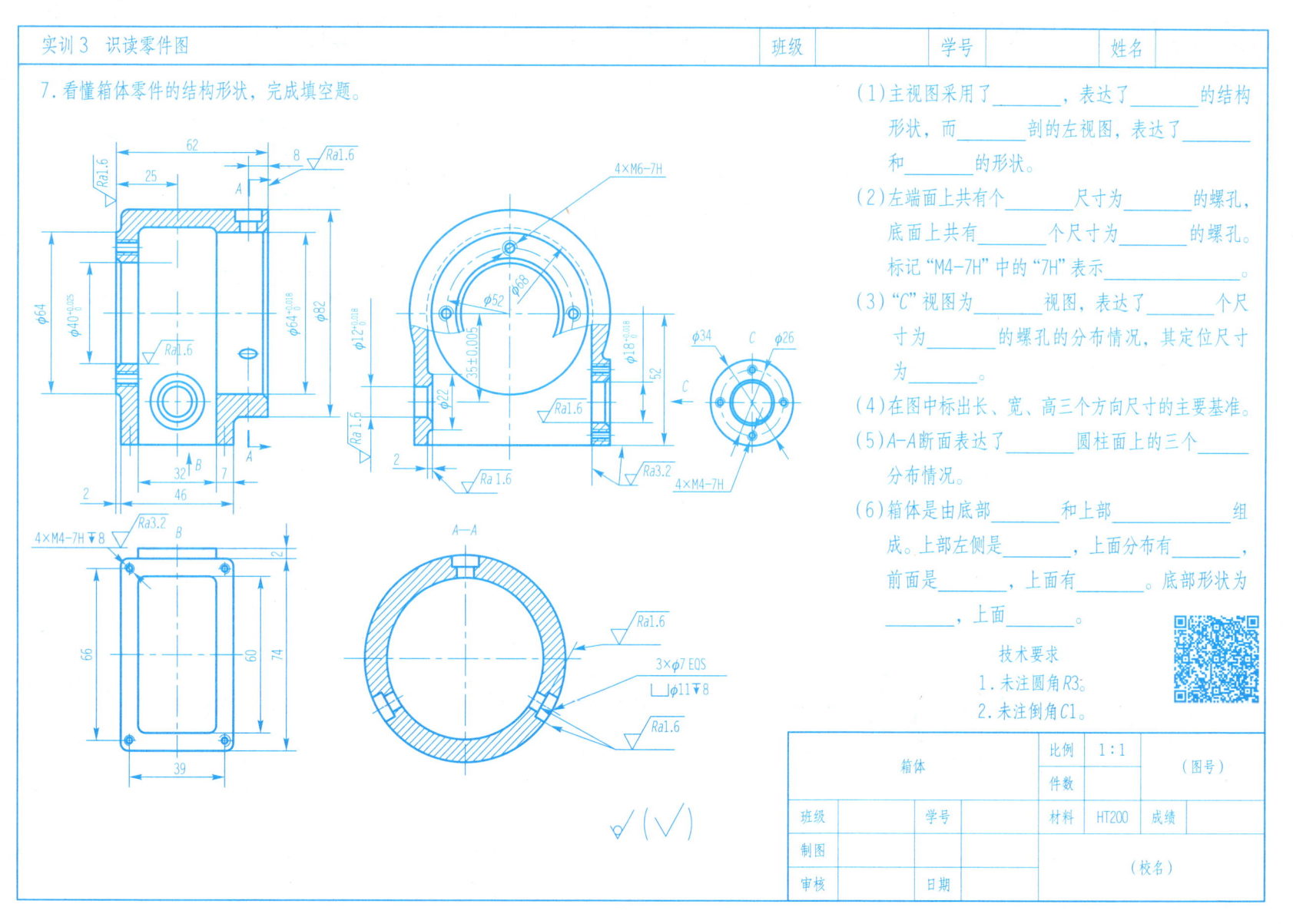

7. 看懂箱体零件的结构形状，完成填空题。

(1) 主视图采用了_____，表达了_____的结构形状，而_____剖的左视图，表达了_____和_____的形状。

(2) 左端面上共有个_____尺寸为_____的螺孔，底面上共有_____个尺寸为_____的螺孔。标记"M4-7H"中的"7H"表示_____。

(3) "C"视图为_____视图，表达了_____个尺寸为_____的螺孔的分布情况，其定位尺寸为_____。

(4) 在图中标出长、宽、高三个方向尺寸的主要基准。

(5) A—A 断面表达了_____圆柱面上的三个_____分布情况。

(6) 箱体是由底部_____和上部_____组成。上部左侧是_____，上面分布有_____，前面是_____，上面有_____。底部形状为_____，上面_____。

技术要求
1. 未注圆角R3。
2. 未注倒角C1。

箱体	比例	1:1	(图号)
	件数		
班级	学号	材料 HT200	成绩
制图			
审核	日期	(校名)	

116

实训3 识读零件图

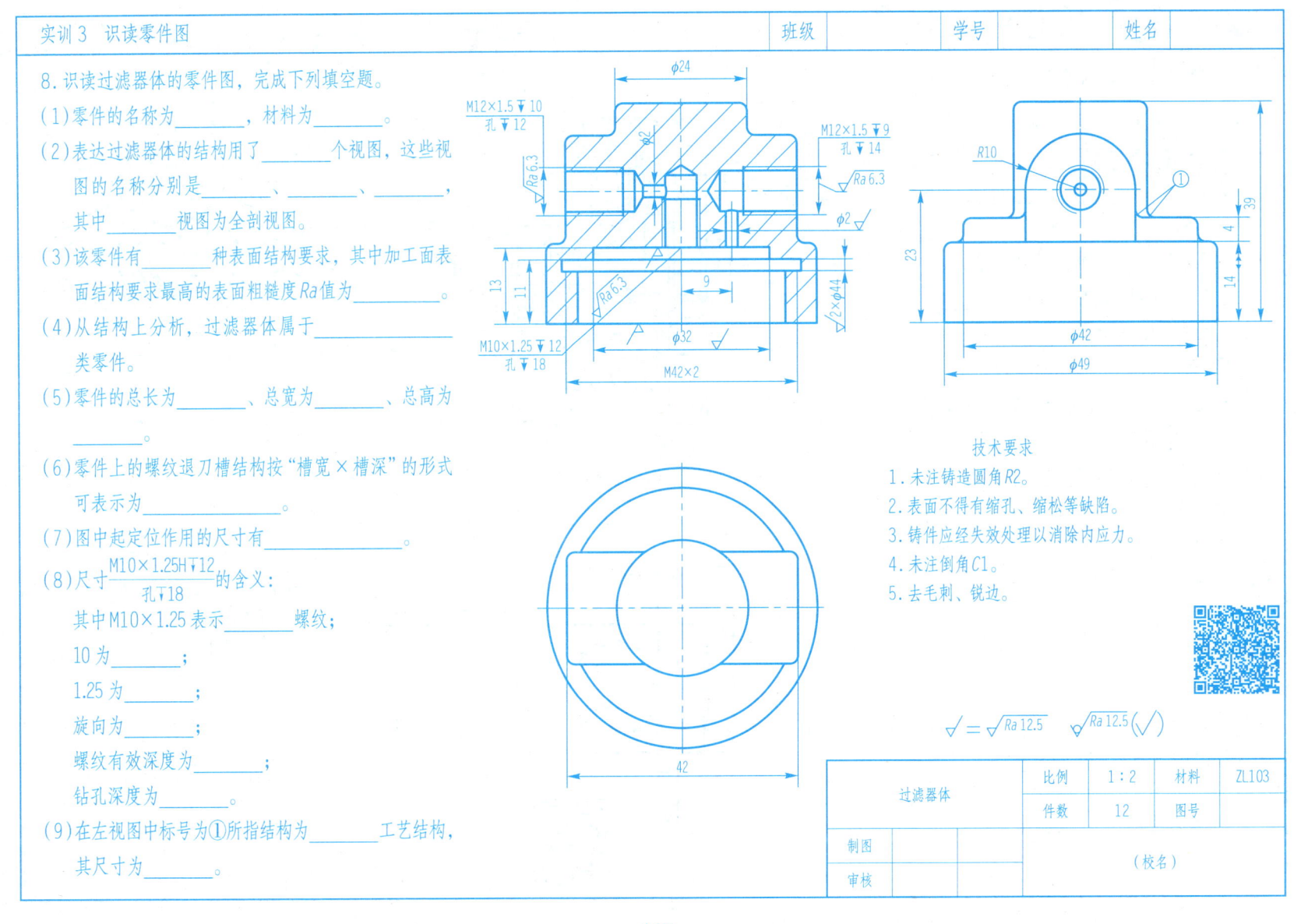

8. 识读过滤器体的零件图，完成下列填空题。

(1) 零件的名称为_____，材料为_____。

(2) 表达过滤器体的结构用了_____个视图，这些视图的名称分别是_____、_____、_____，其中_____视图为全剖视图。

(3) 该零件有_____种表面结构要求，其中加工面表面结构要求最高的表面粗糙度Ra值为_____。

(4) 从结构上分析，过滤器体属于_____类零件。

(5) 零件的总长为_____、总宽为_____、总高为_____。

(6) 零件上的螺纹退刀槽结构按"槽宽×槽深"的形式可表示为_____。

(7) 图中起定位作用的尺寸有_____。

(8) 尺寸 $\frac{M10\times1.25H\downarrow 12}{孔\downarrow 18}$ 的含义：

其中 M10×1.25 表示_____螺纹；

10 为_____；

1.25 为_____；

旋向为_____；

螺纹有效深度为_____；

钻孔深度为_____。

(9) 在左视图中标号为①所指结构为_____工艺结构，其尺寸为_____。

技术要求
1. 未注铸造圆角R2。
2. 表面不得有缩孔、缩松等缺陷。
3. 铸件应经失效处理以消除内应力。
4. 未注倒角C1。
5. 去毛刺、锐边。

$\sqrt{} = \sqrt{Ra\,12.5}$ $\sqrt{Ra\,12.5}(\sqrt{})$

过滤器体　比例 1:2　材料 ZL103　件数 12　图号
制图
审核
(校名)

实训3 识读零件图

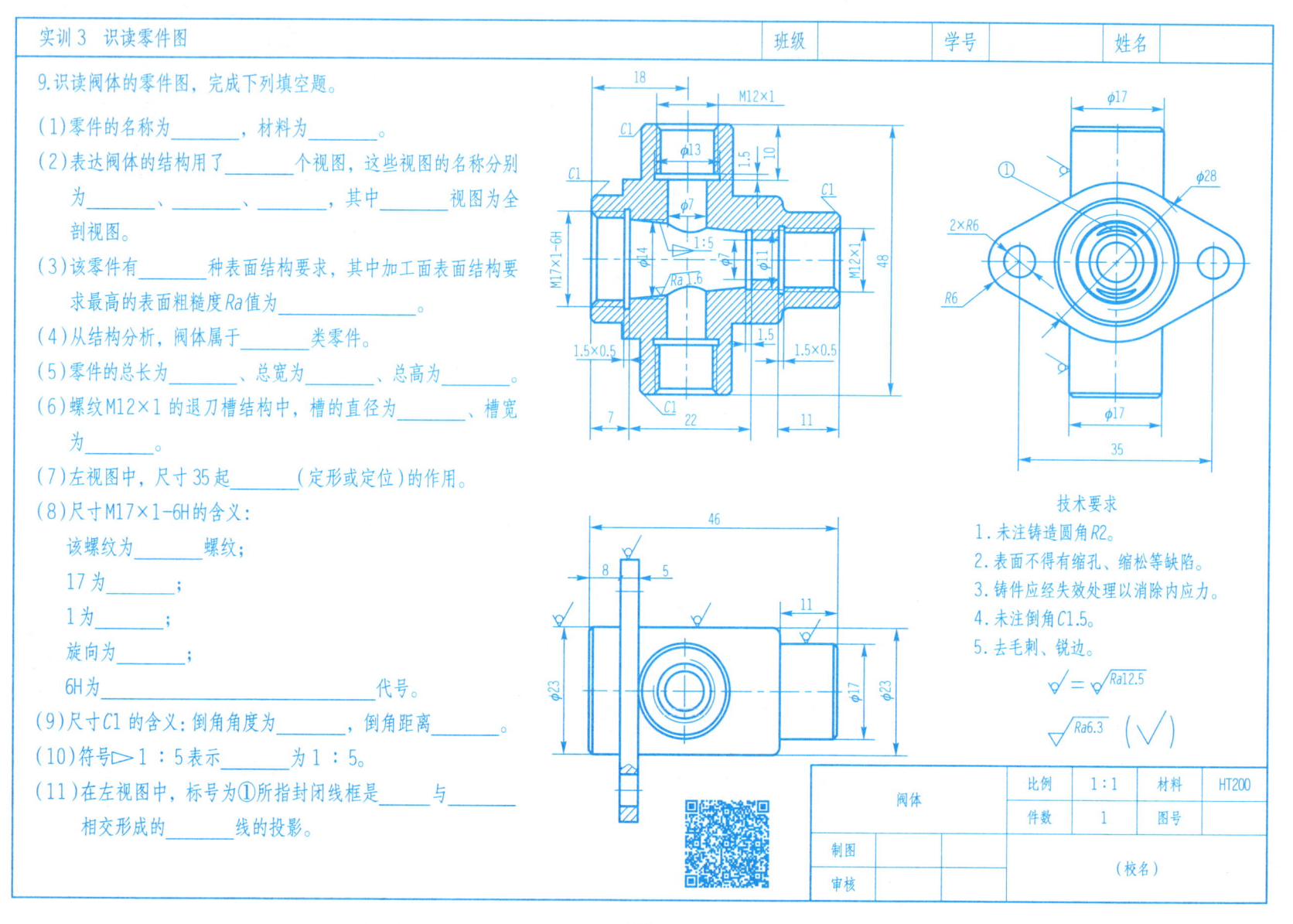

9.识读阀体的零件图，完成下列填空题。

(1) 零件的名称为_____，材料为_____。

(2) 表达阀体的结构用了_____个视图，这些视图的名称分别为_____、_____、_____，其中_____视图为全剖视图。

(3) 该零件有_____种表面结构要求，其中加工面表面结构要求最高的表面粗糙度 Ra 值为_____。

(4) 从结构分析，阀体属于_____类零件。

(5) 零件的总长为_____、总宽为_____、总高为_____。

(6) 螺纹 M12×1 的退刀槽结构中，槽的直径为_____、槽宽为_____。

(7) 左视图中，尺寸 35 起_____（定形或定位）的作用。

(8) 尺寸 M17×1-6H 的含义：

　　该螺纹为_____螺纹；

　　17 为_____；

　　1 为_____；

　　旋向为_____；

　　6H 为_____代号。

(9) 尺寸 C1 的含义：倒角角度为_____，倒角距离_____。

(10) 符号 ▷ 1:5 表示_____为 1:5。

(11) 在左视图中，标号为①所指封闭线框是_____与_____相交形成的_____线的投影。

实训 4　识读装配图　　　　班级　　　　学号　　　　姓名

1. 读懂行程截止阀装配图，并回答下列问题。

(1) 工作原理。

行程截止阀是通过轴向压动阀柱使其上下移动，改变接嘴与接嘴、接嘴与小孔间的连通，来改变流体的流动通道。

(2) 回答问题。

1) 表达行程截止阀结构、工作原理与装配关系，采用了_____视图、_____视图与_____视图三个图形。A-A主要表达了_____号件的结构。

2) 11号零件的作用是_____。

3) 4号件与14号件的作用是_____。

4) 阀柱与阀体之间的配合关系是_____配合。销轴9与销孔的配合是_____配合。

5) 装配图中，_____属于装配尺寸，外形尺寸是_____。

6) 为了改变流体的流动通道，应用外力压下_____号件，使_____号件克服弹簧弹力向_____移动，使_____和_____连通。撤去外力，阀柱_____；_____和_____连通。

7) 装配图上有_____采用了螺纹连接。

8) 拆画零件3(阀柱)零件图。

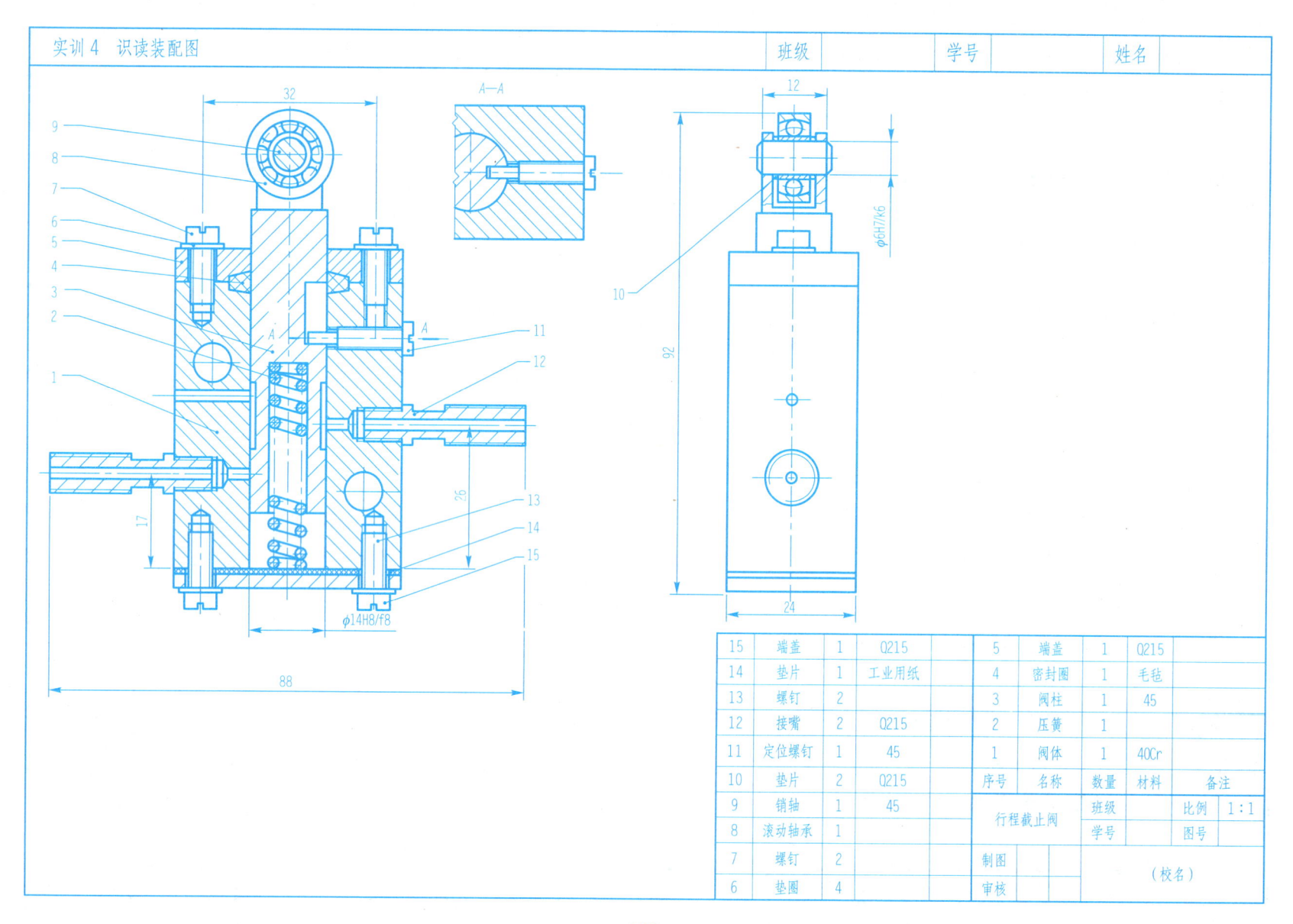

实训4　识读装配图

15	端盖	1	Q215		5	端盖	1	Q215	
14	垫片	1	工业用纸		4	密封圈	1	毛毡	
13	螺钉	2			3	阀柱	1	45	
12	接嘴	2	Q215		2	压簧	1		
11	定位螺钉	1	45		1	阀体	1	40Cr	
10	垫片	2	Q215		序号	名称	数量	材料	备注
9	销轴	1	45		行程截止阀		班级		比例	1:1
8	滚动轴承	1					学号		图号	
7	螺钉	2			制图					
6	垫圈	4			审核		（校名）			

实训4　识读装配图　　班级　　　学号　　　姓名

2. 读懂钻模装配图，并回答下列问题。

(1) 钻模由_____种零件组成，其中标准件_____个。

(2) 装配图由_____个图形组成，它们分别是_____和_____视图。

(3) 工件在钻模中怎样定位和夹紧？

(4) 开口垫圈7的作用是_____，底座1上三个圆弧的作用是_____。

(5) 图中$\phi 18H7/k6$表示件_____与件_____为_____制配合，配合性质为_____配合。在零件图上标注这一配合要求时，孔的标注方法是_____，轴的标注方法是_____。

8		垫圈12	2	Q235	GB/T 97.1—2002
7		开口垫圈	1	45	
6		钻模板	1	45	
5		钻套	3	T8	
4		圆柱销4×30	1	35	GB/T 119.1—2000
3		轴	1	45	
2		螺母M12	2	Q235	GB/T 6170—2015
1		底座	1	HT200	
序号	代号	名称	数量	材料	备注

钻模　　比例　　　图号　　　共　张　第　张

制图

审核

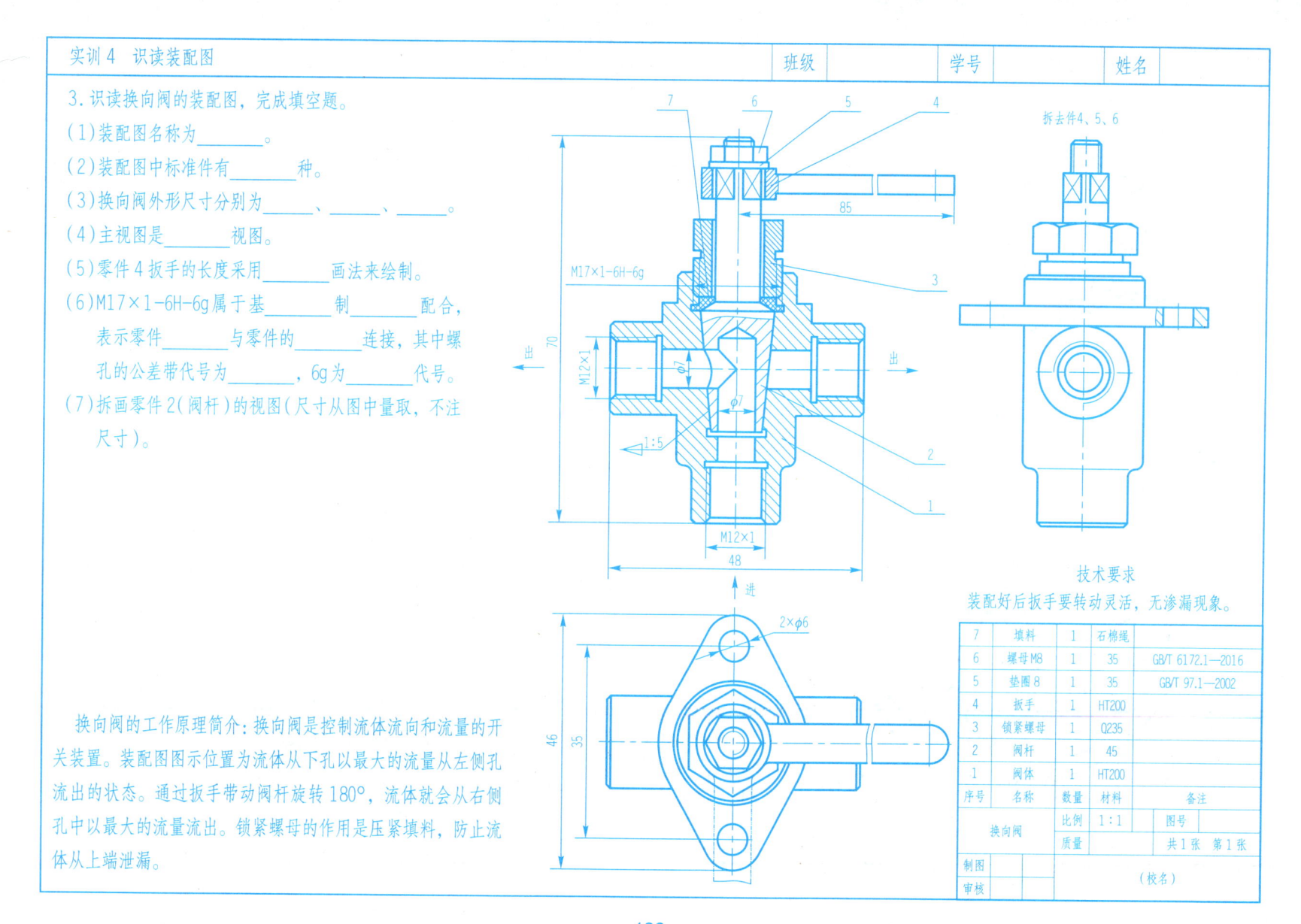

实训4 识读装配图	班级	学号	姓名

3. 识读换向阀的装配图，完成填空题。

(1) 装配图名称为_____。

(2) 装配图中标准件有_____种。

(3) 换向阀外形尺寸分别为_____、_____、_____。

(4) 主视图是_____视图。

(5) 零件4扳手的长度采用_____画法来绘制。

(6) M17×1-6H-6g属于基_____制_____配合，表示零件_____与零件的_____连接，其中螺孔的公差带代号为_____，6g为_____代号。

(7) 拆画零件2(阀杆)的视图(尺寸从图中量取，不注尺寸)。

换向阀的工作原理简介：换向阀是控制流体流向和流量的开关装置。装配图图示位置为流体从下孔以最大的流量从左侧孔流出的状态。通过扳手带动阀杆旋转180°，流体就会从右侧孔中以最大的流量流出。锁紧螺母的作用是压紧填料，防止流体从上端泄漏。

技术要求

装配好后扳手要转动灵活，无渗漏现象。

7	填料	1	石棉绳	
6	螺母M8	1	35	GB/T 6172.1—2016
5	垫圈8	1	35	GB/T 97.1—2002
4	扳手	1	HT200	
3	锁紧螺母	1	Q235	
2	阀杆	1	45	
1	阀体	1	HT200	
序号	名称	数量	材料	备注

换向阀	比例	1:1	图号	
	质量		共1张 第1张	
制图				
审核			(校名)	

122

| 实训5 | 根据装配示意图和零件图，画出装配图 | 班级 | | 学号 | | 姓名 | |

1. 根据小千斤顶装配示意图和零件图，采用A4纸画出装配图。

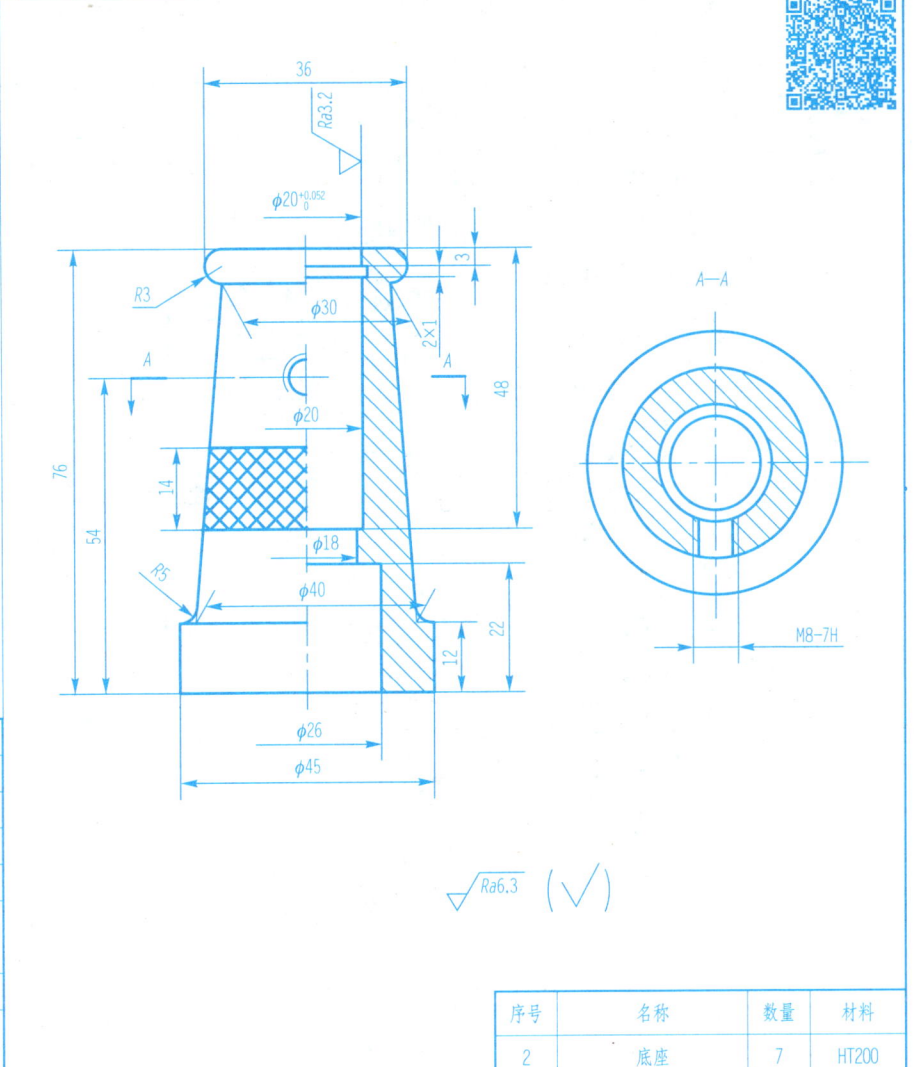

4	调整螺杆	1	45	
3	调整螺母	1	45	
2	底座	1	HT200	
1	锁紧螺钉	1	35	
序号	名称	数量	材料	备注

小千斤顶		比例		（图样代号）
		件数		
制图	（签名）	（年月日）	质量	共 张 第 张
描图				
审核			（学校名称）	

$\sqrt{Ra6.3}$ ($\sqrt{\ }$)

序号	名称	数量	材料
2	底座	1	HT200

实训5　根据装配示意图和零件图，画出装配图(A4)　　班级　　学号　　姓名

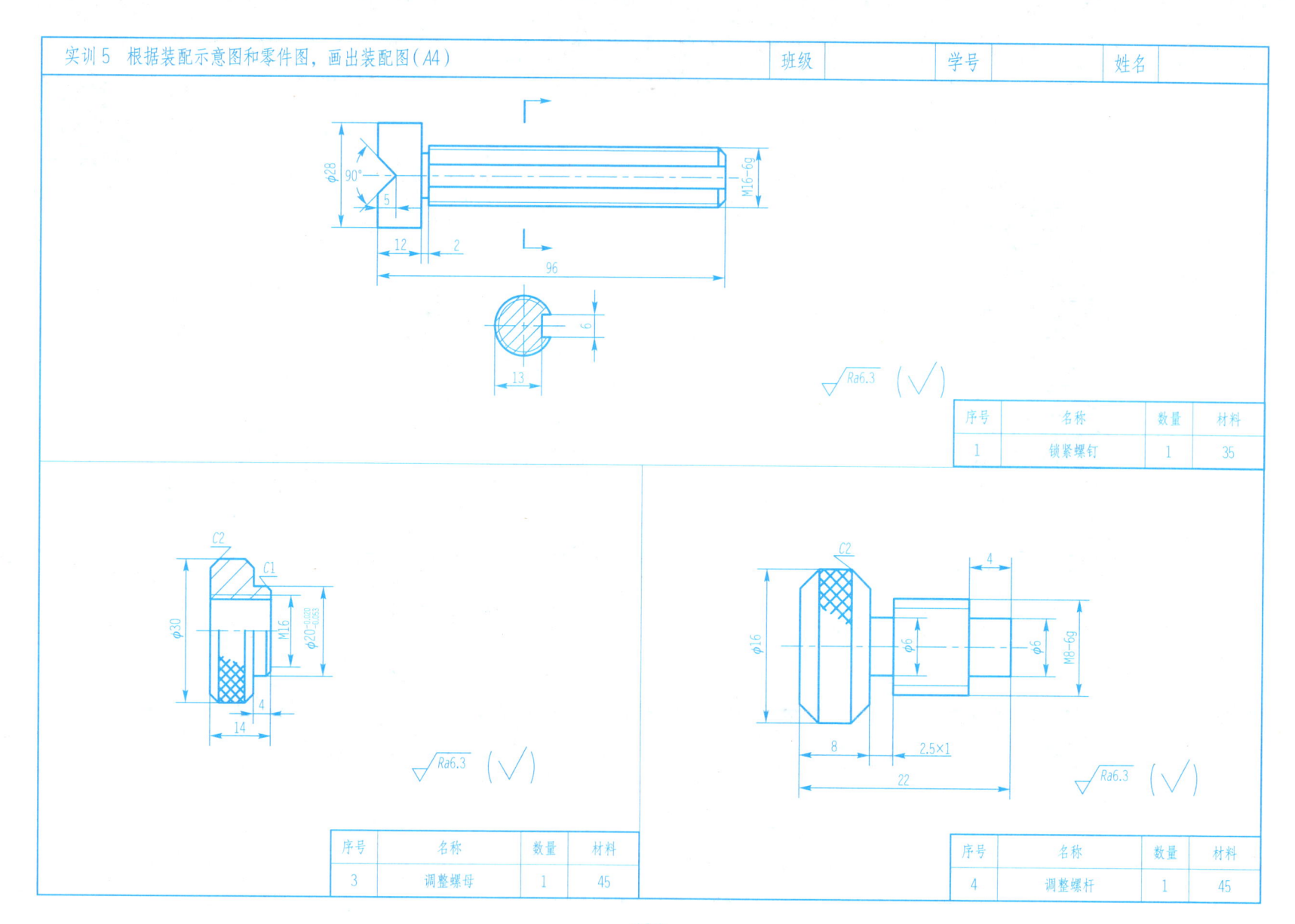

序号	名称	数量	材料
1	锁紧螺钉	1	35

序号	名称	数量	材料
3	调整螺母	1	45

序号	名称	数量	材料
4	调整螺杆	1	45

| 实训5　根据装配示意图和零件图，画出装配图 | 班级　　　学号　　　姓名 |

2. 根据夹紧卡爪装配示意图和零件图，采用A3纸画出装配图。

(1) 夹紧卡爪中有两种标准零件：

7 螺钉 GB/T 70.1—2008 M8×16(6件) 和 8 螺钉 GB/T 71—2018 M6×12(2件)。

(2) 夹紧卡爪工作原理：夹紧卡爪是组合夹具，在组合机床上用来夹紧工件。其由8种零件组成(见装配示意图)。当用扳手旋转螺杆3时，靠梯形螺纹传动使卡爪2在基体6内左右移动，以便夹紧或松开工件。

(3) 作业要求：

根据夹紧卡爪的装配示意图及成套零件图，用1:1的比例绘制其装配图。

装配图建议采用主、俯、左三视图，主、左视图投影方向见装配示意图所示。

1 盖板
2 卡爪
3 螺杆
4 垫铁
5 盖板
6 基体
7 螺钉
8 螺钉

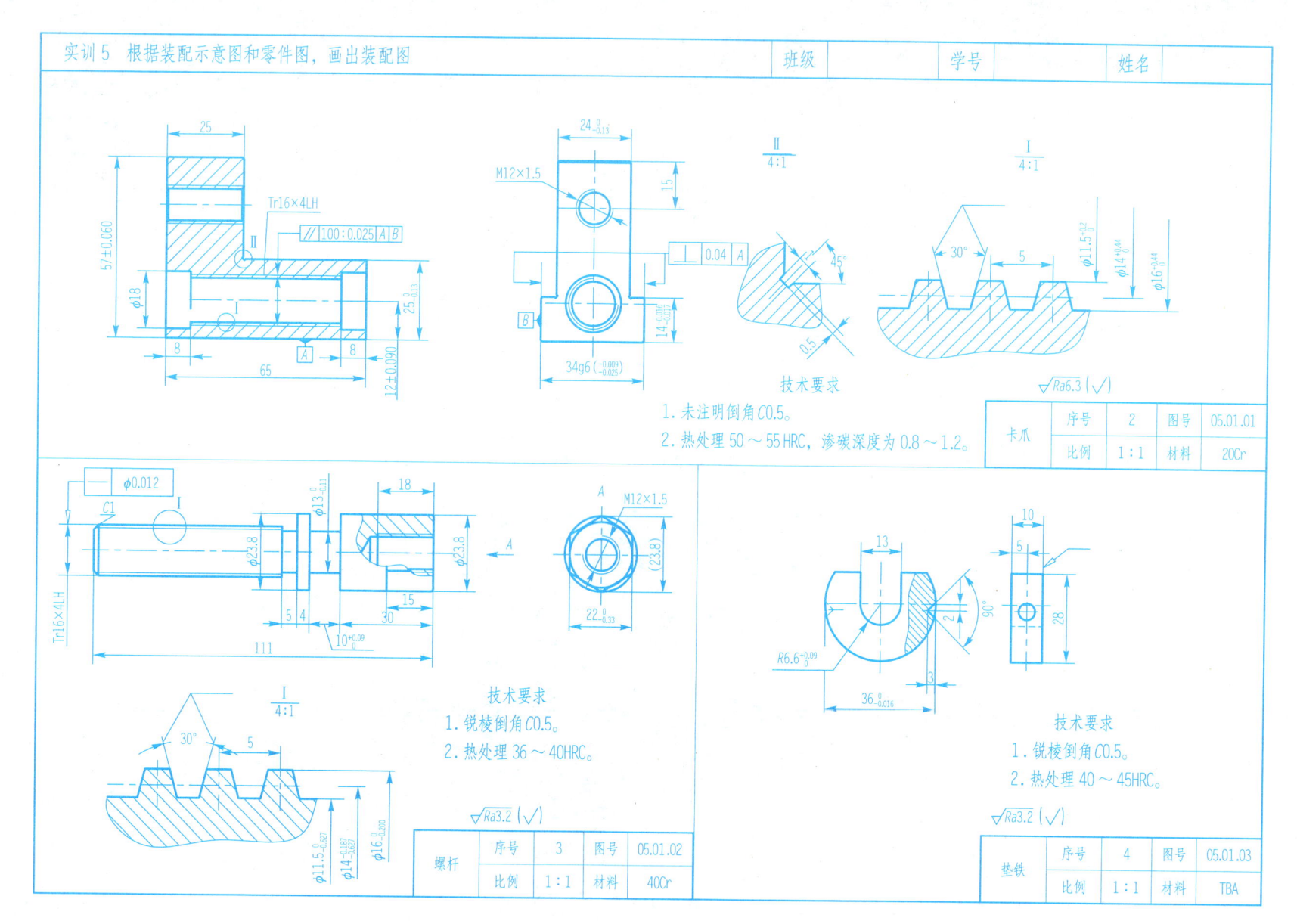

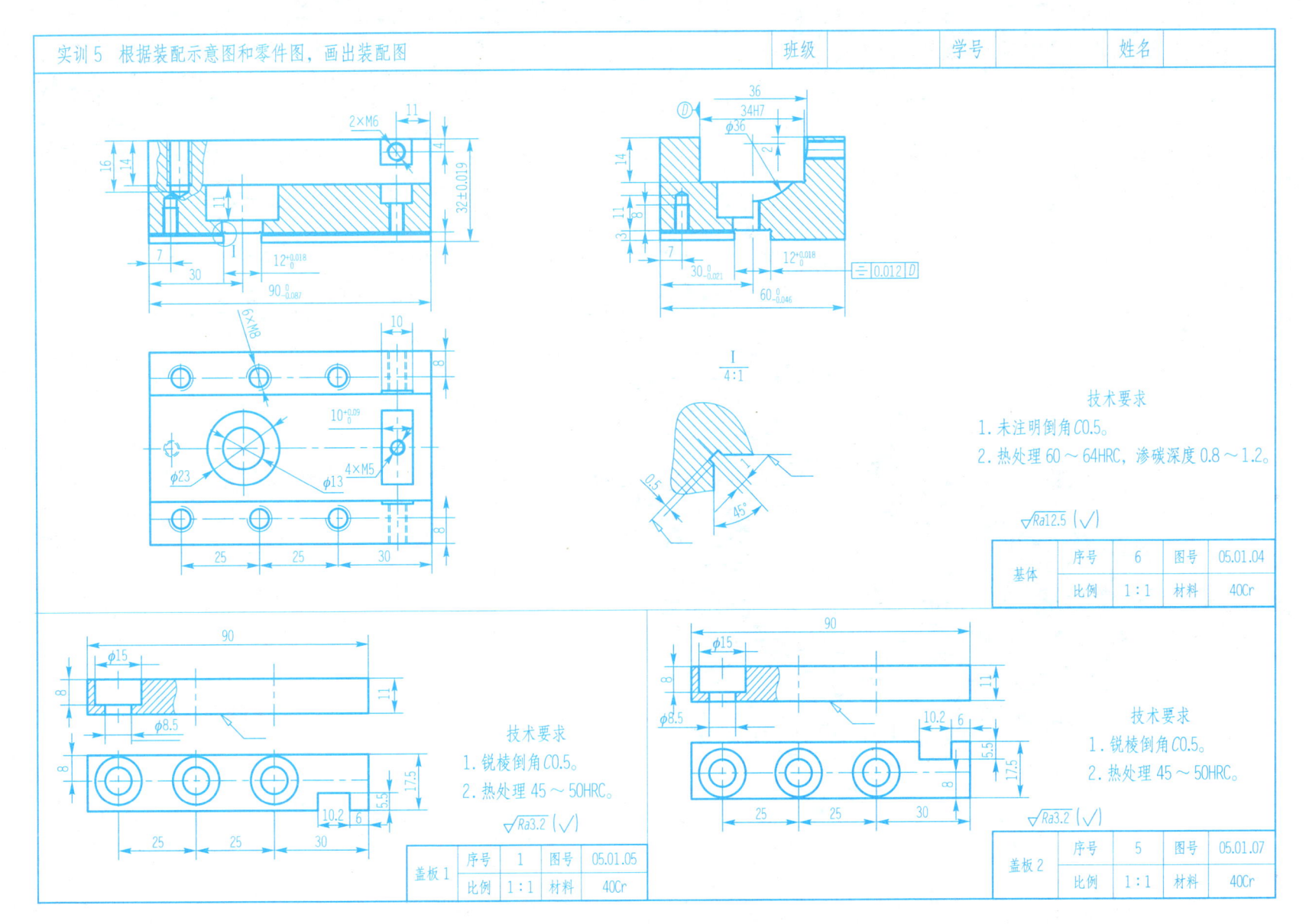

实训5　根据装配示意图和零件图，画出装配图　　班级　　　学号　　　姓名

3.根据铣刀头装配示意图和零件图，采用A3纸画出装配图。

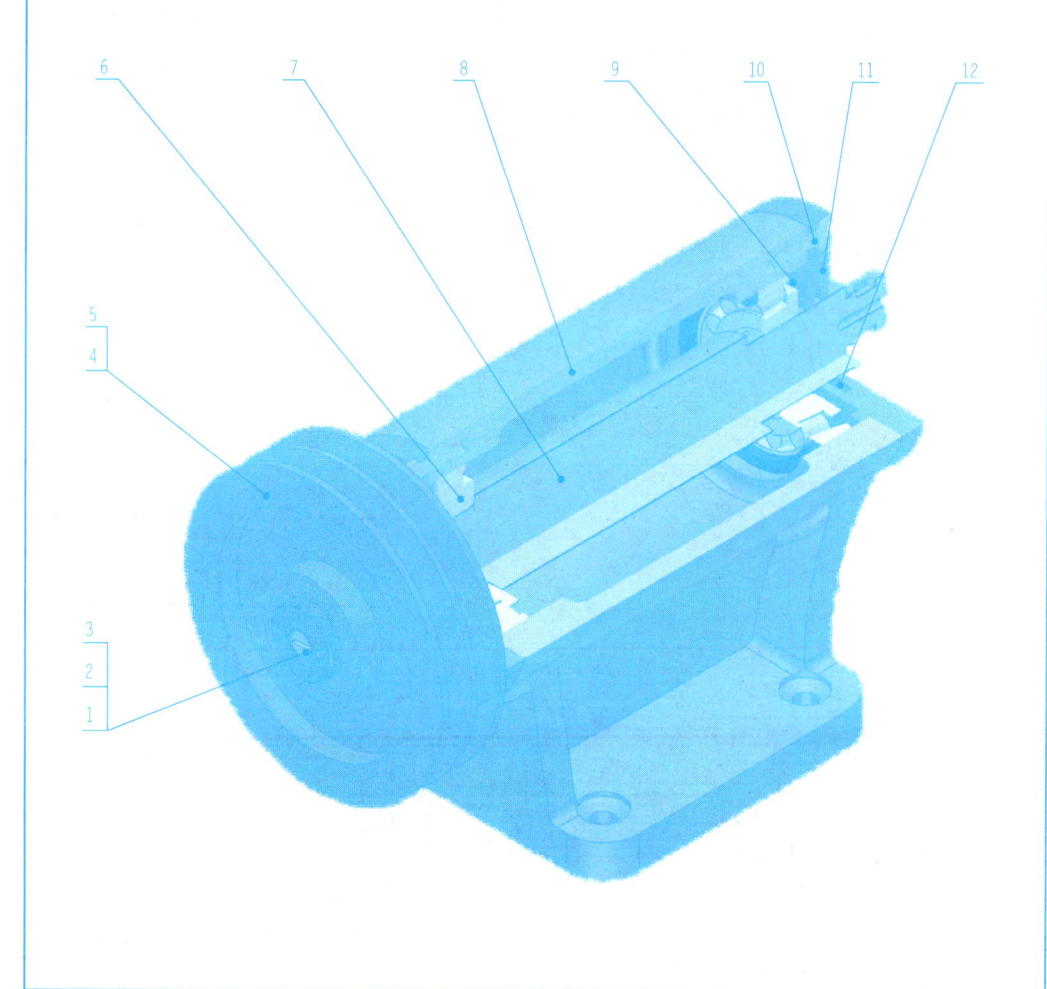

12	毡圈	2	羊毛毡	
11	端盖	2	HT200	
10	螺钉	12	35	GB/T 70.1—2008 M8×20
9	调整环	1	35	
8	座体	1	HT200	
7	轴	1	45	
6	轴承	2	GCr15	30307 GB/T 297—2015
5	键	1	45	GB/T 1096—2003 8
4	皮带轮A型	1	HT150	
3	销	1	35	GB/T 119.1—2000 f6
2	螺钉	1	35	GB/T 68—2016 M6
1	挡圈	1	35	GB/T 891—1986 35
序号	名称	件数	材料	备注

铣刀头　　比例／件数　　（图样代号）

制图　（签名）　（年月日）　质量　　共　张　第　张
描图
审核
（学校名称）

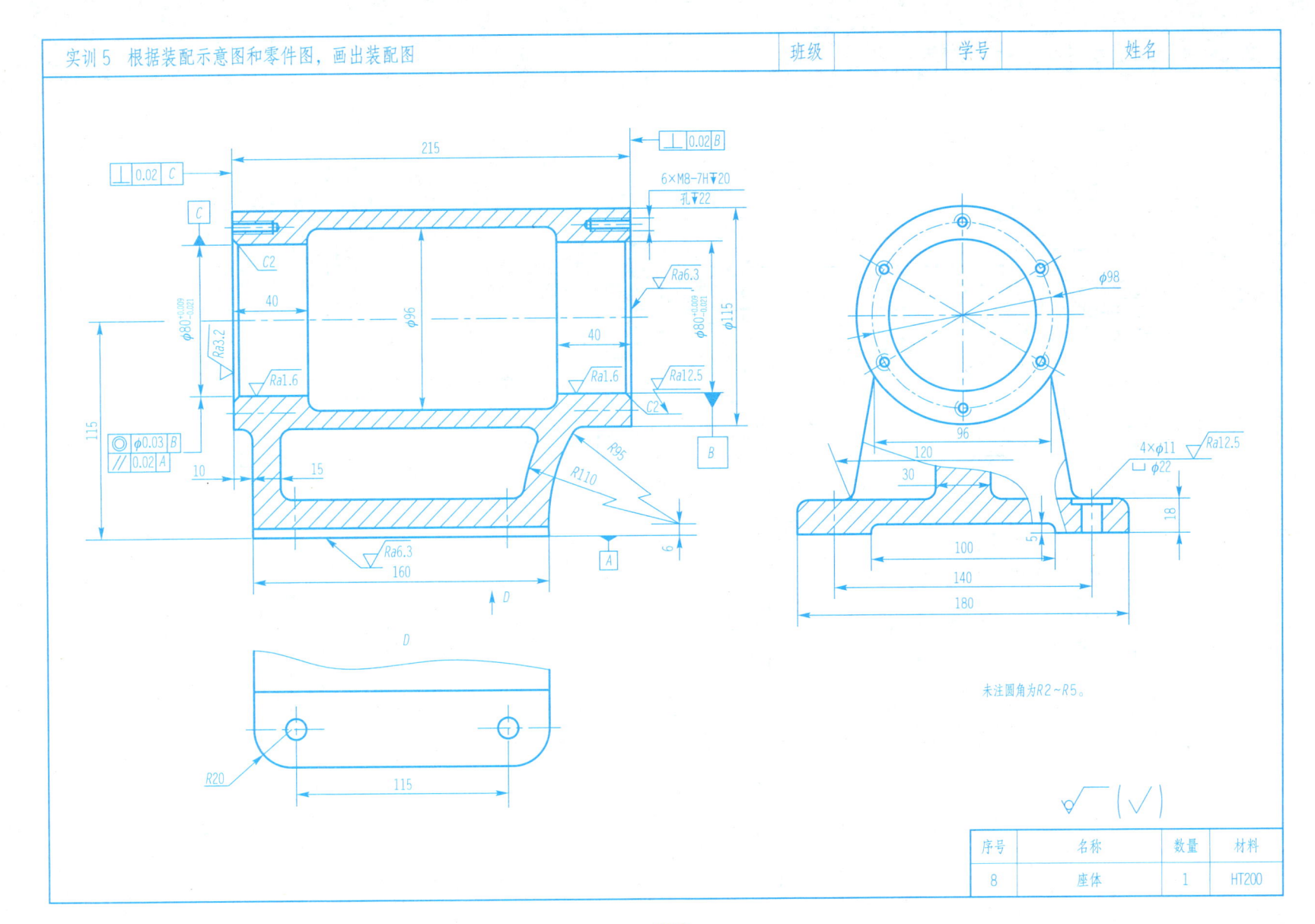

实训5　根据装配示意图和零件图，画出装配图

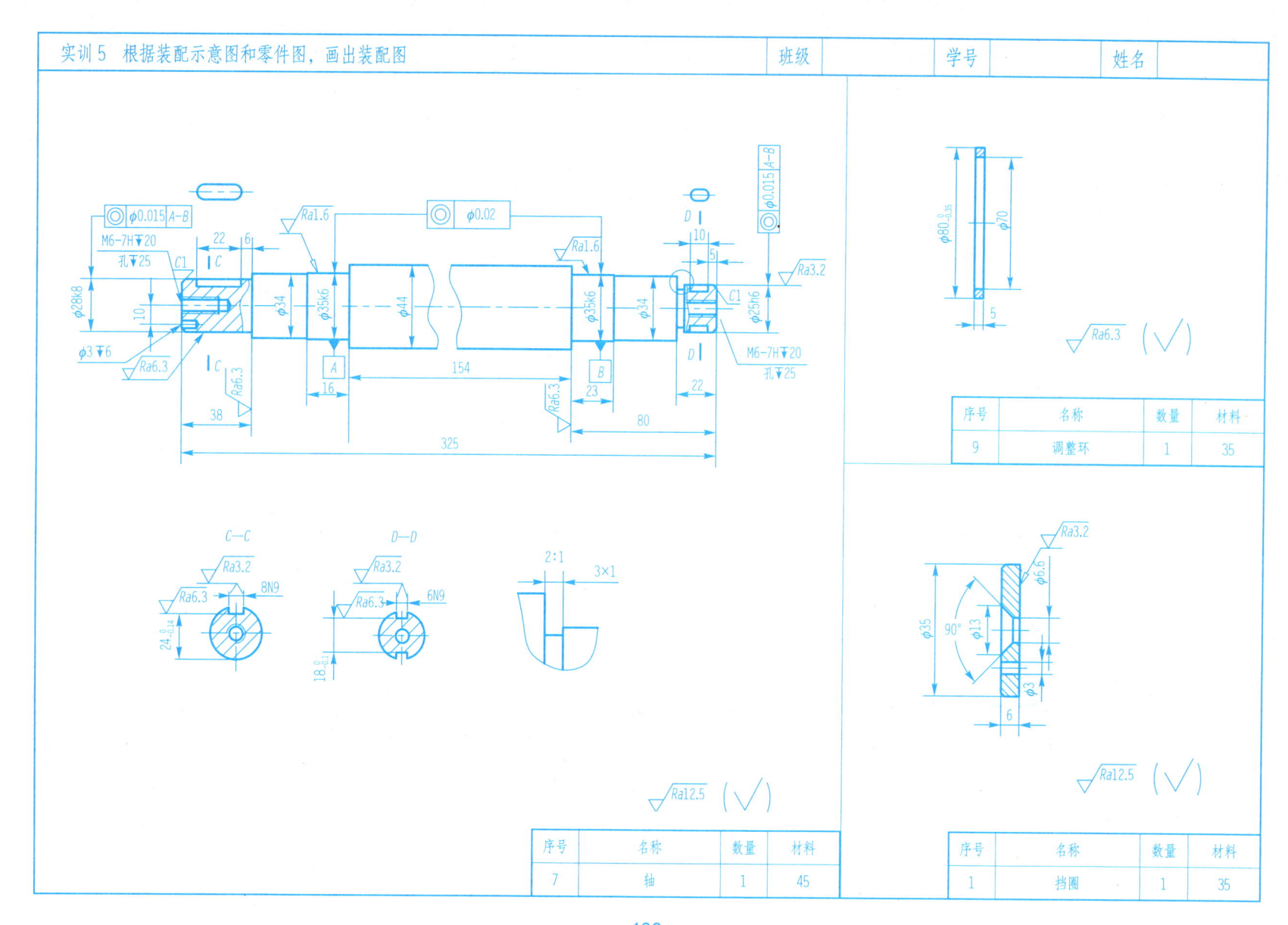

实训5　根据装配示意图和零件图，画出装配图　　班级　　学号　　姓名

序号	名称	数量	材料
9	调整环	1	35

序号	名称	数量	材料
7	轴	1	45

序号	名称	数量	材料
1	挡圈	1	35

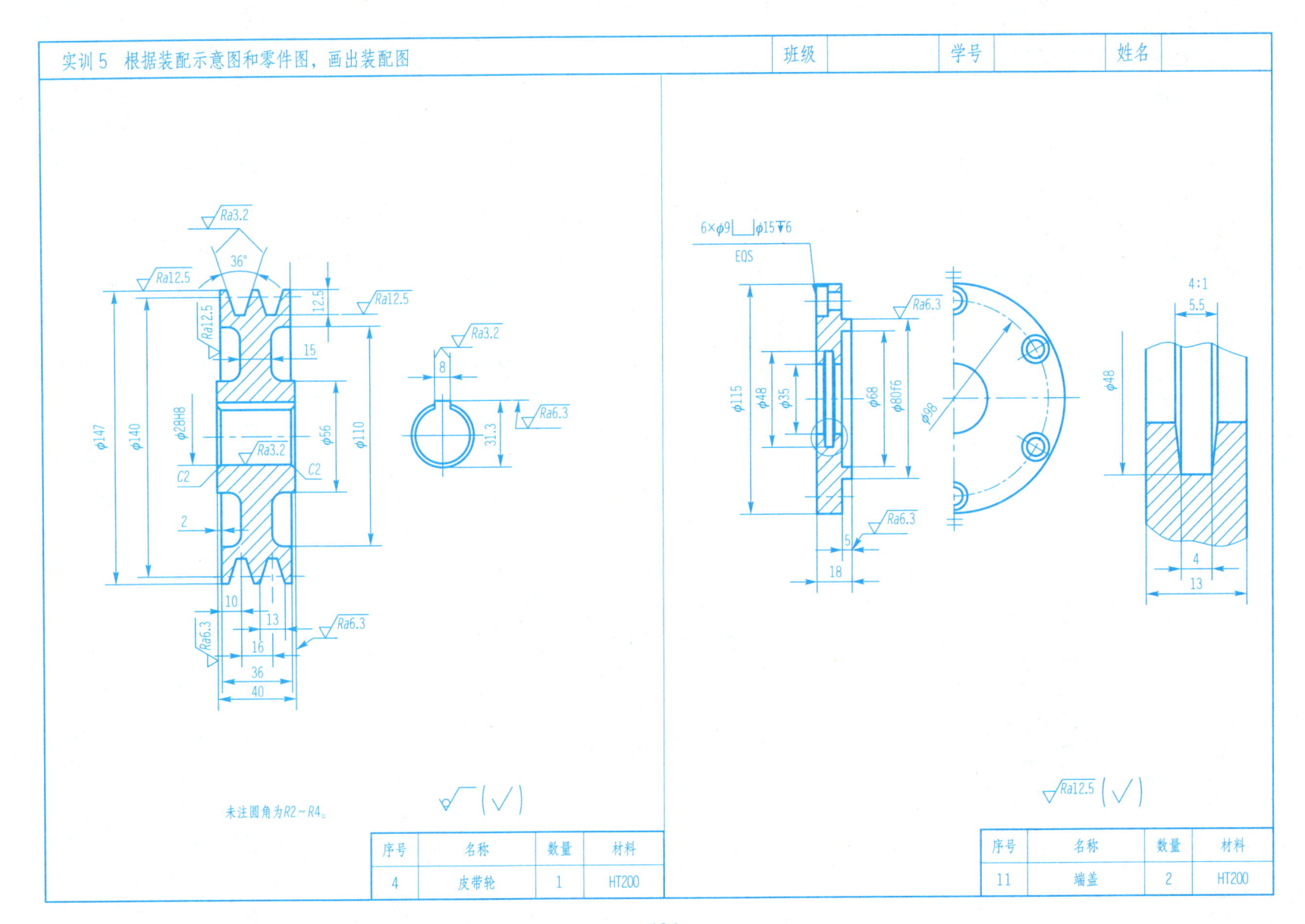

| 实训5 根据装配示意图和零件图，画出装配图 | 班级 | 学号 | 姓名 |

4.根据回油阀装配示意图和零件图，采用A3纸画出装配图。

  回油阀的工作原理：回油阀是装在供油管路中的部件，用以在油液增多、油压升高时，使多余的油液流回油箱中。在正常工作时，油液从阀门的右端孔流入，从下端油孔流出。当油路供油过量时，油压升高，油液克服弹簧3的弹簧力，向上顶起阀芯2，过量的油液就从左边孔流回油箱中。弹簧力的大小由螺杆9调节。阀罩8用来保护螺杆。为防止螺杆松动，用螺母7防松。阀芯两侧有两个小孔，其作用是让进入阀芯上腔的油液流出，以减小背压。阀体1上面内孔用以装配阀芯，为减少加工，且能充满油液，孔内开了4个凹槽。

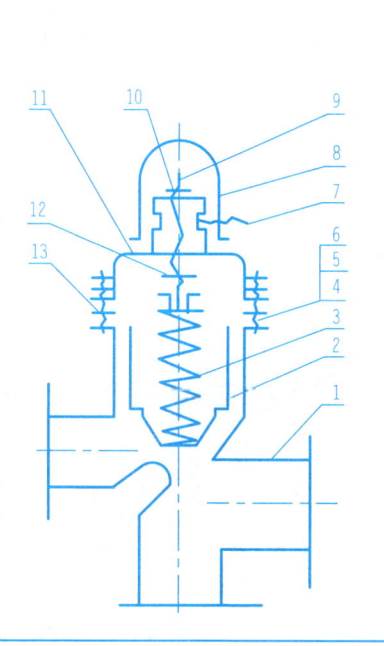

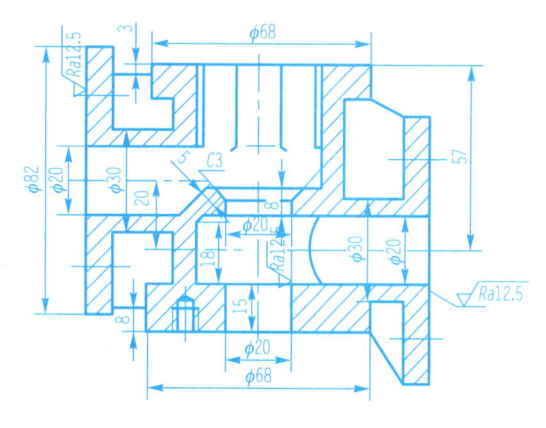

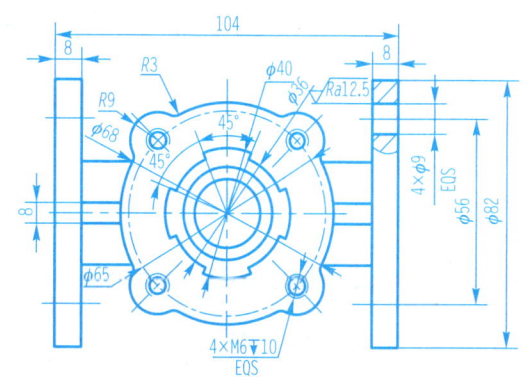

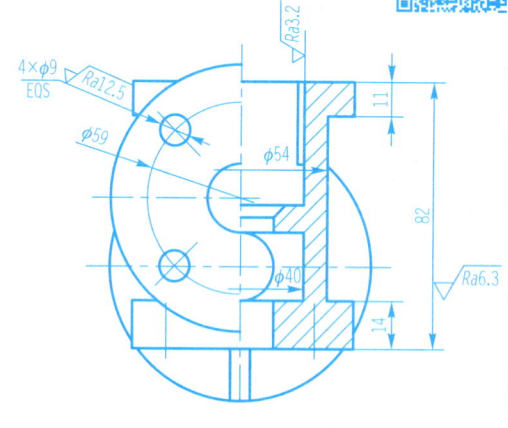

技术要求
1. 未注圆角 R3。
2. C3 锥面与件2配研。

| 序号 | 阀体 | 图号 | 1 |
| 比例 | 1:1.5 | 材料 | ZL102 |

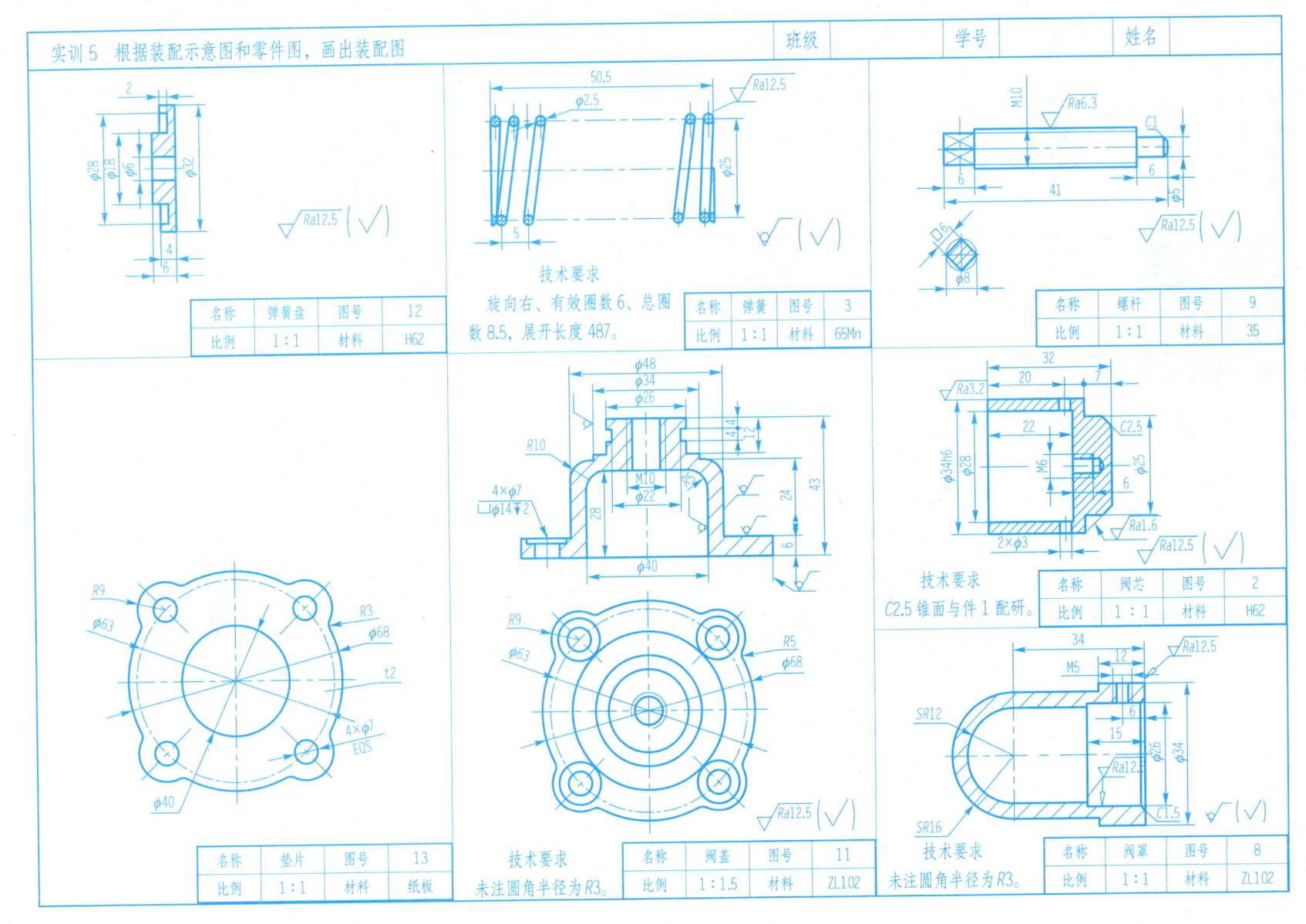

实训5 根据装配示意图和零件图，画出装配图

项目九 其他工程图样

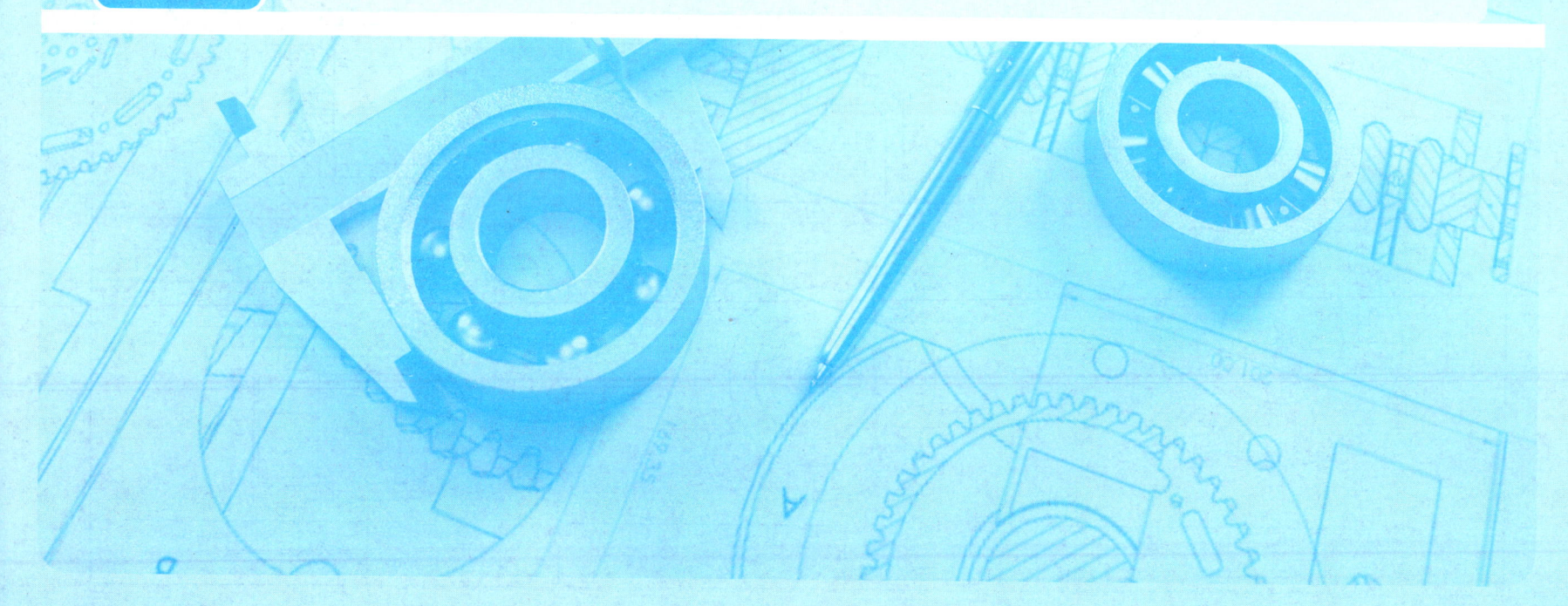

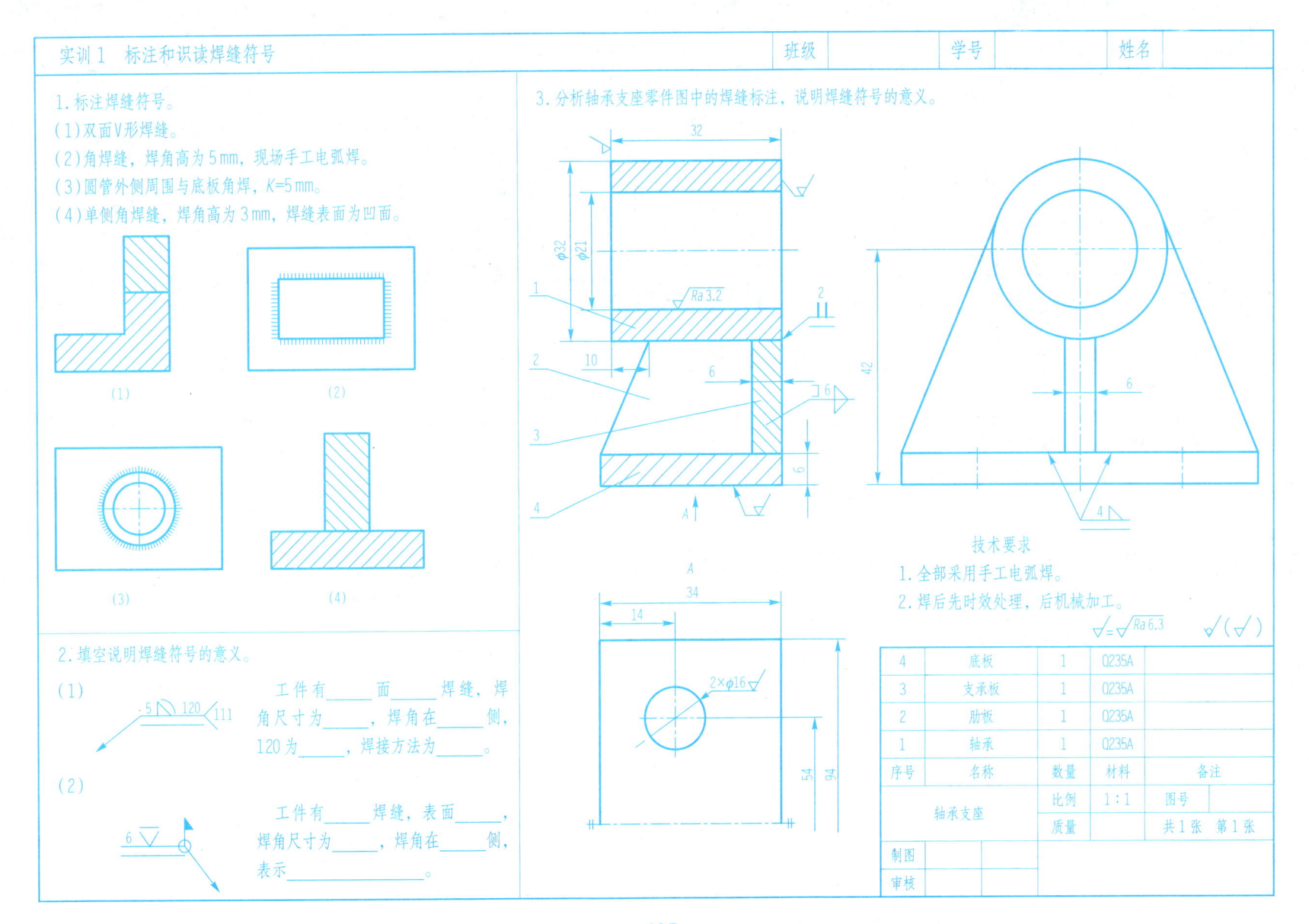

实训1　标注和识读焊缝符号　　　　　　　　　　　　班级　　　　学号　　　　姓名

1. 标注焊缝符号。
(1) 双面V形焊缝。
(2) 角焊缝，焊角高为5 mm，现场手工电弧焊。
(3) 圆管外侧周围与底板角焊，K=5 mm。
(4) 单侧角焊缝，焊角高为3 mm，焊缝表面为凹面。

2. 填空说明焊缝符号的意义。

(1) 工件有_____面_____焊缝，焊角尺寸为_____，焊角在_____侧，120为_____，焊接方法为_____。

(2) 工件有_____焊缝，表面_____，焊角尺寸为_____，焊角在_____侧，表示_____。

3. 分析轴承支座零件图中的焊缝标注，说明焊缝符号的意义。

技术要求
1. 全部采用手工电弧焊。
2. 焊后先时效处理，后机械加工。

$\sqrt{}=\sqrt{Ra\,6.3}\quad \sqrt{}(\sqrt{})$

4	底板	1	Q235A	
3	支承板	1	Q235A	
2	肋板	1	Q235A	
1	轴承	1	Q235A	
序号	名称	数量	材料	备注
轴承支座		比例	1:1	图号
		质量		共1张　第1张
制图				
审核				

135

实训 2　展开图绘制与电气图形符号识读	班级　　　　学号　　　　姓名

1. 根据所给投影图及尺寸，绘制该筒体的展开图（有左右底）。

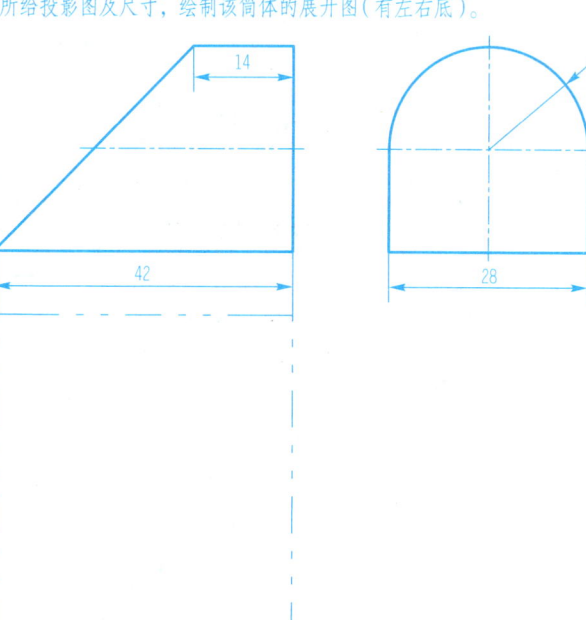

2. 根据直角弯头的主、俯视图，绘制其展开图（尺寸在图中量取，不考虑板厚）。

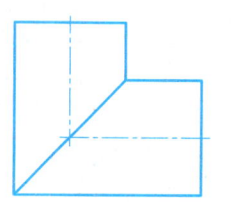

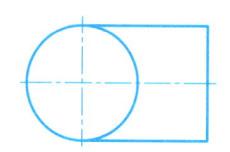

3. 在下列电气元件图形符号下面的横线上注写出其元件相应的名称。

136